普通高等教育"十三五"规划教材

Access 2010 数据库程序设计基础
实验与学习指导

杨为明　隋励丽　编著

科 学 出 版 社

北 京

内 容 简 介

本书是《Access 2010 数据库程序设计基础》（修订版）（鲍永刚主编，科学出版社）的配套实验与学习指导书。全书共分为两篇。第 1 篇是 Access 2010 数据库程序设计基础实验，共包括 22 个实验，针对每个实验给出了实验目的、实验任务及步骤；第 2 篇是全国计算机等级考试二级 Access 数据库程序设计介绍，包括考试大纲、模拟试题及参考答案。全书最后以附录的形式对数据结构与算法和软件工程基础的相关内容进行了介绍，供读者参考。

本书内容丰富，实用性强，是学习 Access 2010 数据库程序设计非常实用的一本参考书，适合作为高等学校教学用书和计算机等级考试培训用书，也可供自学者参考。

图书在版编目（CIP）数据

Access 2010 数据库程序设计基础实验与学习指导/杨为明，隋励丽编著. —北京：科学出版社，2017

（普通高等教育“十三五”规划教材）

ISBN 978-7-03-053884-0

Ⅰ. ①A… Ⅱ. ①杨… ②隋… Ⅲ. ①关系数据库系统-程序设计-高等学校-教材 Ⅳ. ①TP311.138

中国版本图书馆 CIP 数据核字（2017）第 153561 号

责任编辑：宋 丽 王 惠 / 责任校对：陶丽荣
责任印制：吕春珉 / 封面设计：东方人华平面设计部

科学出版社 出版
北京东黄城根北街 16 号
邮政编码：100717
http://www.sciencep.com

三河市良远印务有限公司印刷

科学出版社发行 各地新华书店经销

*

2017 年 8 月第 一 版 开本：787×1092 1/16
2018 年 8 月第二次印刷 印张：11
字数：249 000

定价：25.00 元

（如有印装质量问题，我社负责调换〈良远印务〉）

销售部电话 010-62136230 编辑部电话 010-62135397-2052

前　言

Access 2010 数据库管理系统是美国微软公司推出的 Office 套装软件的重要组件之一，是中小型企业常用的数据库软件。Access 数据库程序设计是大中专院校非计算机专业通常开设的数据库课程之一，也是全国计算机等级考试二级中的数据库课程之一。

本书是《Access 2010 数据库程序设计基础》（鲍永刚主编，科学出版社）的配套实验与学习指导教材。书中所有实验均是编者在教学过程中精心设计、总结提炼的。每个实验侧重一个或几个知识点，涵盖了《全国计算机等级考试二级 Access 数据库程序设计考试大纲（2016 年版）》的全部内容。书中内容安排依照主教材的教学顺序，以数据库案例“图书订单管理”贯穿全书，内容涉及数据库和数据表的建立，查询、窗体、报表、宏和模块的建立及使用，将学习过程中的每个知识点融入系统开发，使学生在学习 Access 2010 全部知识的同时体会一个完整的数据库软件的开发过程。

全书共分为两篇。第 1 篇是 Access 2010 数据库程序设计基础实验，共 6 章，每章针对一个对象进行实验练习，由于实验课的上机时间有限，为读者提供了实验中需要的文件（可到 http://www.abook.cn 下载），在必要的章节还配置了课外练习题供读者自学；第 2 篇是全国计算机等级考试二级 Access 数据库程序设计介绍（考试大纲、模拟试题及参考答案）；全书最后的附录部分对数据结构与算法、软件工程基础的相关内容进行了介绍，供读者参考。

本书第 1 篇由杨为明和隋励丽编写；第 2 篇由张雷编写；附录由刘明才编写。

本书的编写得到了焉德军及鲍永刚两位教授的大力支持，同时还得到了其他老师的热情帮助，在此一并致谢！

由于编者水平所限，书中难免存在疏漏和不足之处，敬请广大读者批评指正。

编　者

2017 年 6 月

目　　录

第1篇　Access 2010数据库程序设计基础实验

第 2 篇　全国计算机等级考试二级 Access 数据库程序设计介绍

附　　录

第1篇　Access 2010 数据库程序设计基础实验

第1章　数据库和表

Access 数据库中的重要对象是表，它用于保存数据库数据，其他数据库对象都直接或间接与表发生关系。

实验1　创建数据库和表

一、实验目的

1）创建数据库，并设置数据库的相关属性。

2）使用数据表视图创建表。

3）学习使用表设计视图创建表。

4）理解表结构、字段的数据类型和常用字段属性的概念及其设置方法。

二、实验任务及步骤

实验任务1　创建一个“图书订单管理”数据库并设置其属性。

【操作步骤】

1）选择“开始”→“所有程序”→“Microsoft Office”→“Microsoft Access 2010”命令，即可启动 Access 2010 应用程序。

2）选择“文件”→“新建”命令，在打开的 Access 2010 主窗口右下方的“文件名”文本框中输入“图书订单管理”，如图 1-1 所示。

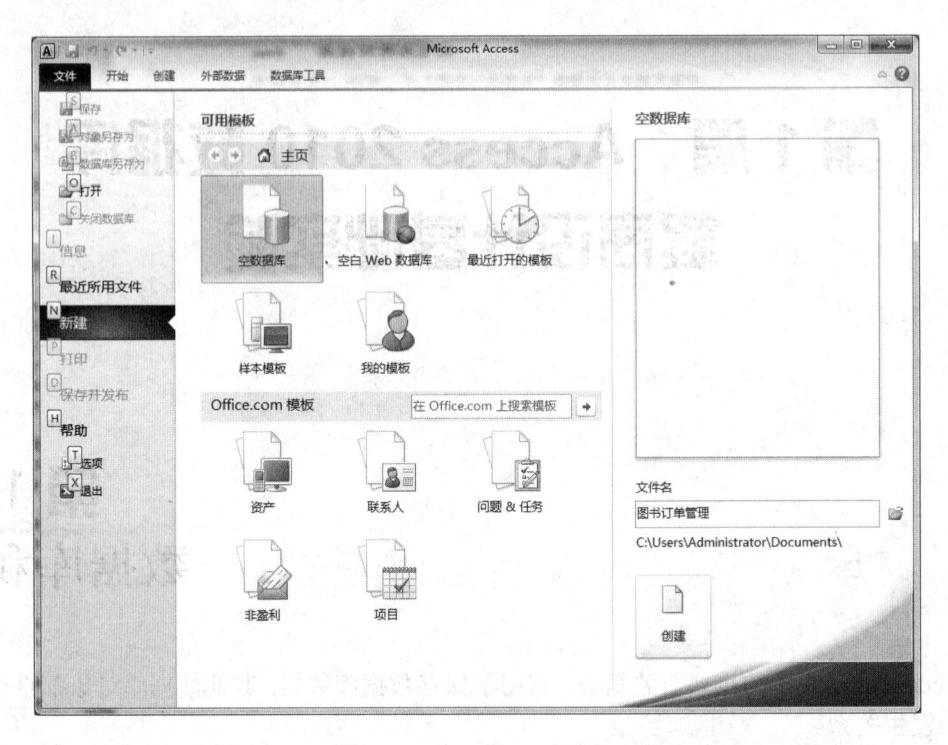

图 1-1　Access 2010 主窗口

3）单击“创建”按钮，即创建了一个空数据库，同时进入数据库窗口，如图 1-2 所示。

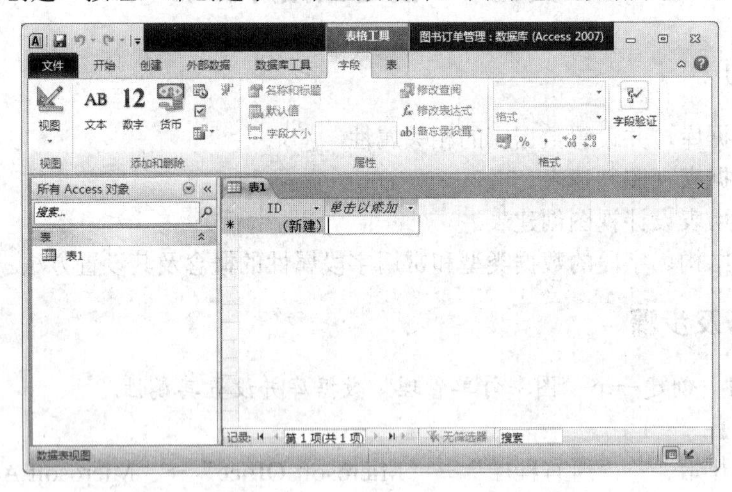

图 1-2　“图书订单管理”数据库窗口

4）设置数据库属性。选择“文件”→“信息”命令，在数据库信息选项窗口右侧单击“查看和编辑数据库属性”链接，弹出数据库属性对话框，输入“标题”为“图书订单管理”、“作者”为学生姓名、“单位”为学生所在院系，如图 1-3 所示。单击“确定”按钮，关闭数据库属性对话框。

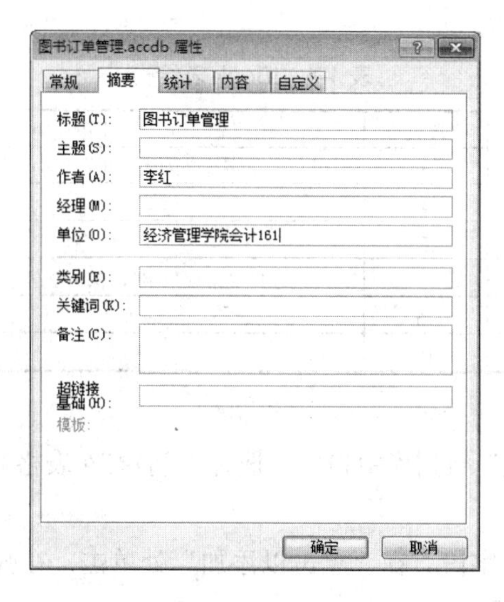

图 1-3　数据库属性对话框

5）设置 Access 2010 属性。选择“文件”→“选项”命令，弹出“Access 选项”对话框，如图 1-4 所示。选择“当前数据库”分类，设置“文档窗口选项”为“重叠窗口”，选中“启用布局视图”复选框。单击“确定”按钮，关闭“Access 选项”对话框。

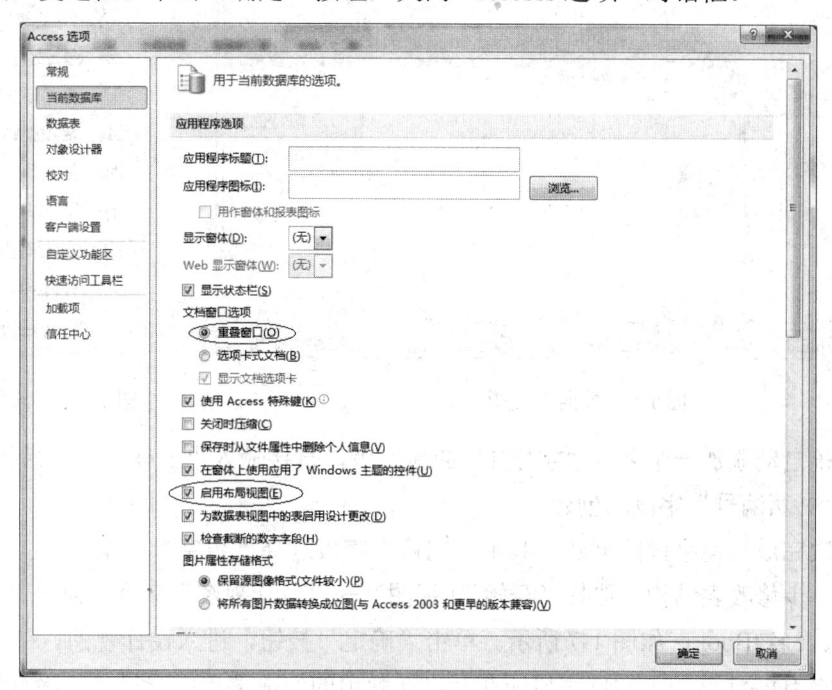

图 1-4　“Access 选项”对话框

实验任务 2　使用数据表视图创建 tBook 表并输入记录内容，表结构如表 1-1 所示。

表 1-1　tBook 表结构

表名	字段名	数据类型	字段大小	字段说明	主键字段
tBook	书籍编号	文本	3	首字符必须为字母，后面必须为两位数字	书籍编号
	书籍名称	文本	20		
	类别	文本	5		
	定价	单精度型		格式选择“常规数字”，保留 2 位小数，定价必须大于 0	
	作者名	文本	15		
	出版社名称	文本	10		

【操作步骤】

1）在“图书订单管理”数据库窗口中，选择“创建”（表格）→“表”命令，进入数据表视图，如图 1-5 所示。

2）创建“书籍编号”字段。在“单击以添加”处单击，在弹出的字段类型菜单中选择“文本”命令，如图 1-6 所示。

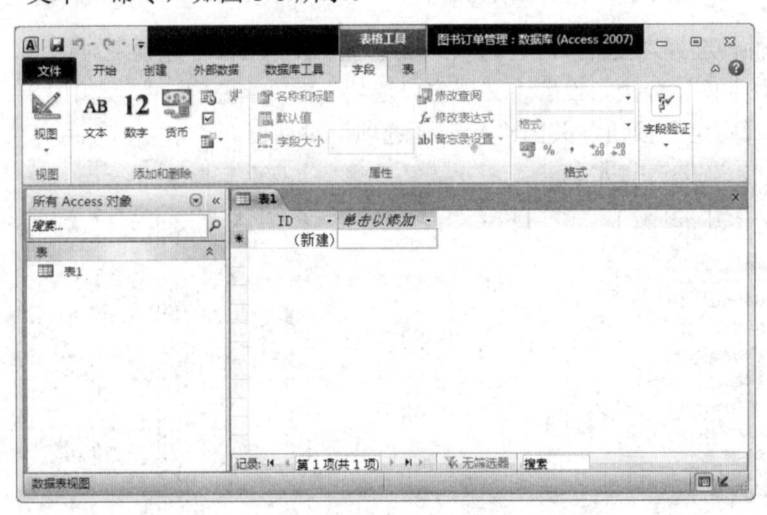

图 1-5　数据表视图

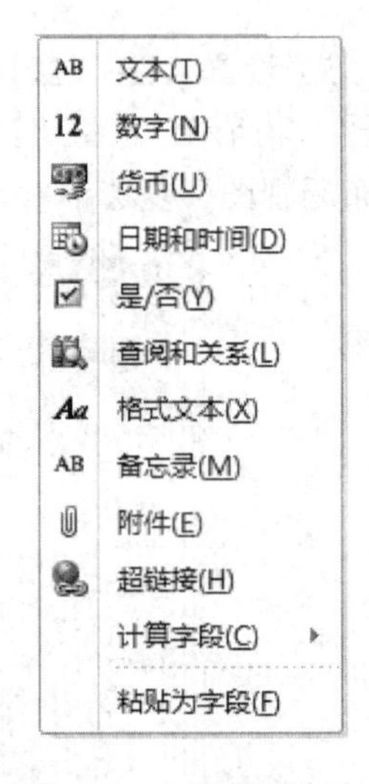

图 1-6　字段类型菜单

3）系统自动添加一个名为“字段 1”的新字段，直接输入“书籍编号”后按 Enter 键，即可完成“书籍编号”字段的创建。

4）依次完成其他字段的创建。其中“定价”字段选择“数字”类型。

5）进一步修改表结构。选择“开始”（视图）→“设计视图”命令，弹出“另存为”对话框，输入表名 tBook，如图 1-7 所示。单击“确定”按钮，进入设计视图。

6）删除 ID 字段。右击 ID 字段所在行，在弹出的快捷菜单中选择“删除行”命令，如图 1-8 所示。

7）设置“书籍编号”字段属性。修改其字段大小为 3，设置输入掩码为“L00”（占位符“L”表示必须输入一个字母，占位符“0”表示必须输入一位数字），如图 1-9 所示。

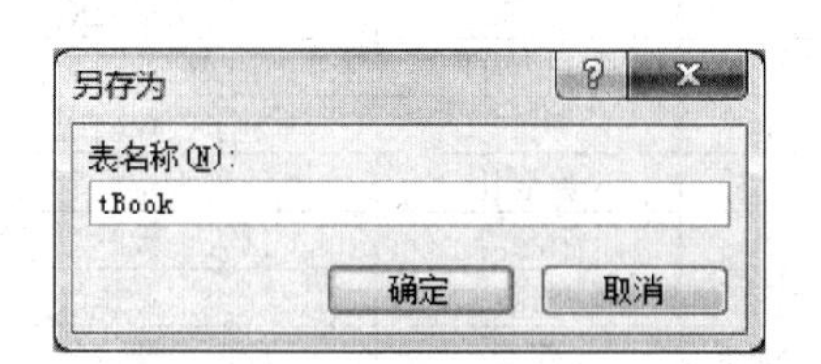

图 1-7 “另存为”对话框

图 1-8 快捷菜单

8）在“书籍编号”字段任意处右击，在弹出的快捷菜单中选择“主键”命令，字段名左侧状态列出现“主键”图标，表示主键设置成功。也可以单击“书籍编号”字段定义行，然后选择“设计”（工具）→“主键”命令进行设置。

9）设置“定价”字段属性。修改其字段大小为“单精度型”，格式选择“常规数字”，小数位数设置为 2，有效性规则为“>0”，如图 1-10 所示。

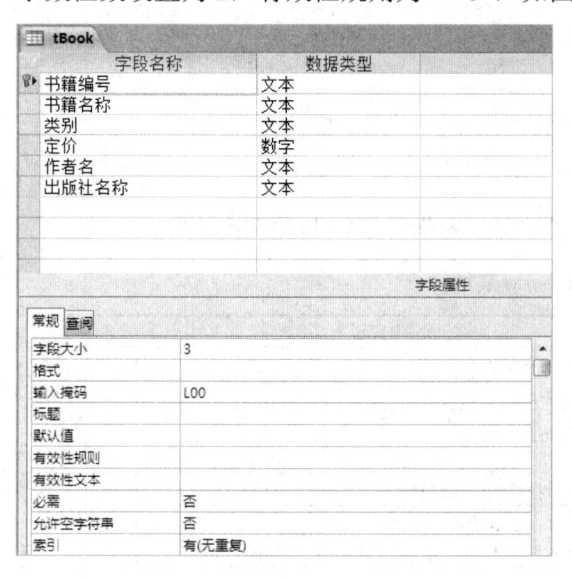

图 1-9 设置“书籍编号”字段属性

图 1-10 设置“定价”字段属性

10）其他字段按照表 1-1 设置字段大小属性。

11）保存表结构，然后输入记录内容。选择“开始”（视图）→“数据表视图”命令，系统提示是否立即保存表，单击“是”按钮，进入数据表视图。将表 1-2 所示的内容填入对应的字段中，如图 1-11 所示。

表 1-2 tBook 表数据

书籍编号	书籍名称	类别	定价	作者名	出版社名称
f01	市场经济法制建设	法律	21.5	郑宏	电子工业出版社
f02	劳动合同纠纷咨询	法律	30	李楠	清华大学出版社
g01	会计原理	经济管理	13	刘洋	中国商业出版社

续表

书籍编号	书籍名称	类别	定价	作者名	出版社名称
g02	成本核算	经济管理	15	李红	中国商业出版社
g03	成本会计	经济管理	11	刘小红	中国商业出版社
g04	经济学原理	经济管理	20	张红	电子工业出版社
j01	网络原理	计算机	21	黄全胜	清华大学出版社
j02	计算机原理	计算机	9	张海涛	中国人民大学出版社
j03	计算机操作及应用教程	计算机	23.8	郭丽	航空工业出版社
j04	Excel2010 应用教程	计算机	24	邵青	航空工业出版社

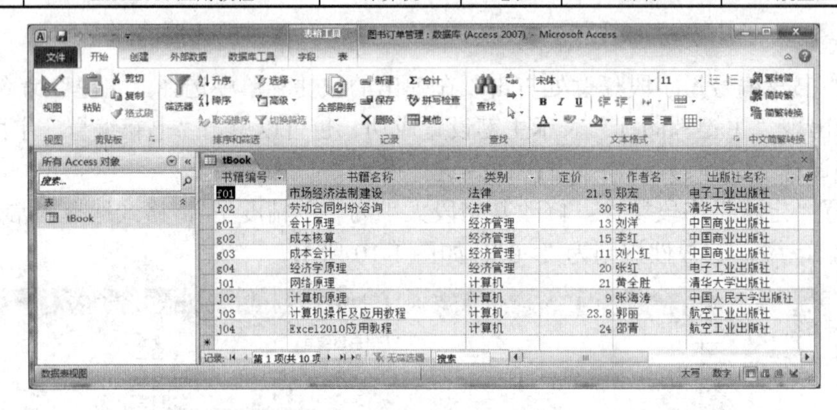

图 1-11　tBook 数据表视图

实验任务 3　使用表设计视图创建表 tEmployee，表结构如表 1-3 所示。

表 1-3　tEmployee 表结构

表名	字段名	数据类型	字段大小	字段说明	主键字段
tEmployee	雇员编号	文本	5	必须为 5 位数字	雇员编号
	姓名	文本	15	必填字段	
	性别	文本	1	只保存“男”或“女”	
	民族	文本	6		
	是否党员	是/否		显示控件为“复选框”	
	出生日期	日期/时间		必须小于等于系统日期 有效性文本为“出生日期必须小于当前日期”	
	职务	文本	2		
	所属部门	文本	2		
	参加工作日期	日期/时间		必须大于出生日期（在表有效性规则中设置）	
	照片	OLE 对象			
	手机号码	文本	11	以“1”开头	
	工资	货币		保留两位小数，必须大于 0	
	个人简历	备注			
	参加工作年龄	计算		结果类型选择“整型”，格式选择“常规数字”，保留 0 位小数	

【操作步骤】

1）在“图书订单管理”数据库窗口中，选择“创建”（表格）→“表设计”命令，进入表设计视图，如图 1-12 所示。

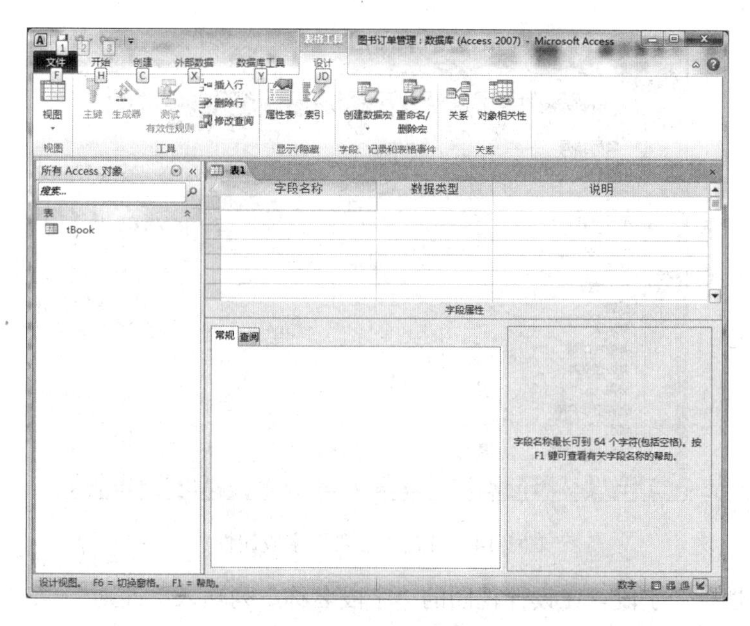

图 1-12　tEmployee 设计视图

2）创建“雇员编号”字段。在设计视图的“字段名称”列第一行输入“雇员编号”，单击“数据类型”列右侧的下拉按钮▾，在下拉列表中选择“文本”数据类型，在“字段属性”区设置字段大小为 5，设置输入掩码为“00000”。在“雇员编号”字段任意处右击，在弹出的快捷菜单中选择“主键”命令，即设置“雇员编号”为表的主键，如图 1-13 所示。

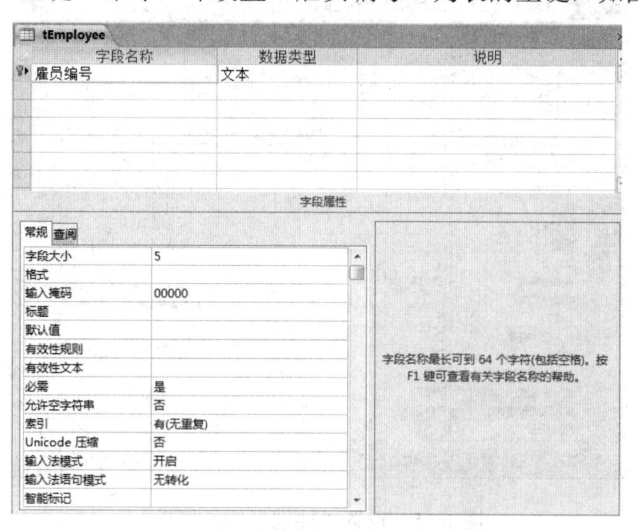

图 1-13　设置“雇员编号”字段属性

3）创建“姓名”字段。在设计视图的“字段名称”列输入“姓名”，在“数据类型”下拉列表中选择“文本”数据类型，在“字段属性”区设置字段大小为 15，设置“必需”属性为“是”，如图 1-14 所示。

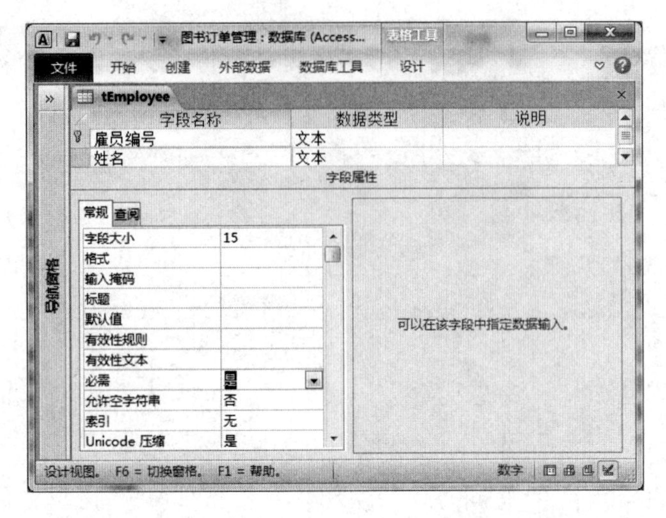

图 1-14　设置“姓名”字段属性

4）创建“性别”字段。在设计视图的“字段名称”列输入“性别”，在“数据类型”下拉列表中选择“文本”数据类型，在“字段属性”区设置字段大小为 1，设置有效性规则为“"男"　Or　"女"”或“ "女"　Or　"男"”或“In ("男","女")” 或“In ("女","男")”（在“字段属性”区使用的各类符号应为英文符号，如引号""、逗号,、括号()、方括号[ ]、分号;和点号.等），如图 1-15 所示。

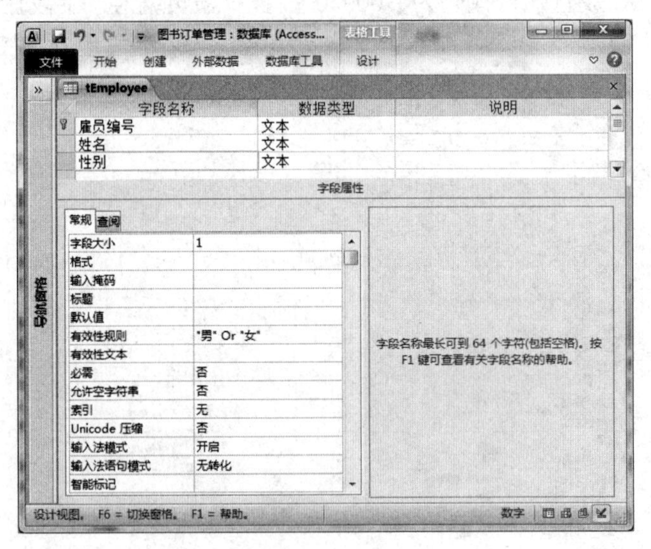

图 1-15　设置“性别”字段属性

5）创建“民族”字段。在设计视图的“字段名称”列输入“民族”，在“数据类型”下拉列表中选择“文本”数据类型，在“字段属性”区设置字段大小为 6。

6）创建“是否党员”字段。在设计视图的“字段名称”列输入“是否党员”，在“数据类型”下拉列表中选择“是/否”数据类型。

7）创建“出生日期”字段。在设计视图的“字段名称”列输入“出生日期”，在“数据类型”下拉列表中选择“日期/时间”数据类型，在“字段属性”区设置有效性规则为“<Date()”，设置有效性文本为“出生日期必须小于当前日期”，如图 1-16 所示。

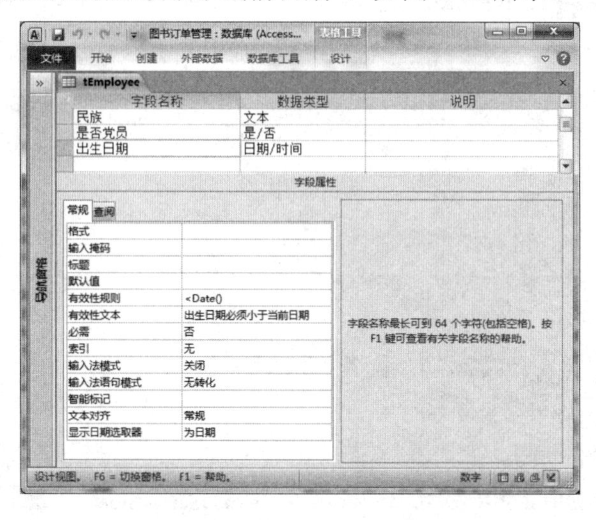

图 1-16　设置“出生日期”字段属性

8）创建“职务”字段。在设计视图的“字段名称”列输入“职务”，在“数据类型”下拉列表中选择“查阅向导”数据类型，在“查阅向导”对话框中选中“自行键入所需的值”单选按钮，如图 1-17 所示。

9）单击“下一步”按钮，在确认查阅字段中显示哪些值界面中，输入“经理”、“职员”和“班长”，如图 1-18 所示。在“字段属性”区设置字段大小为 2。

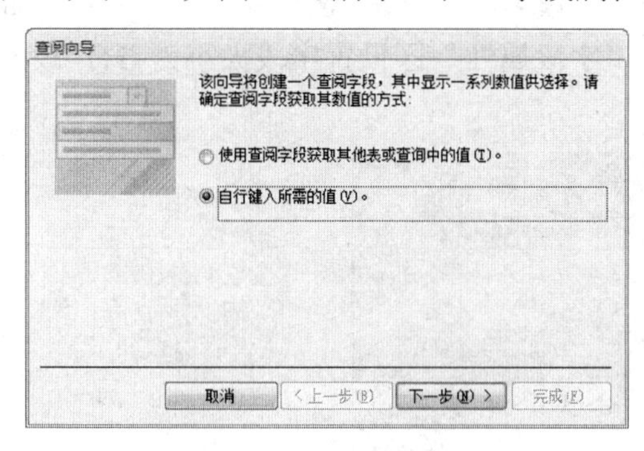

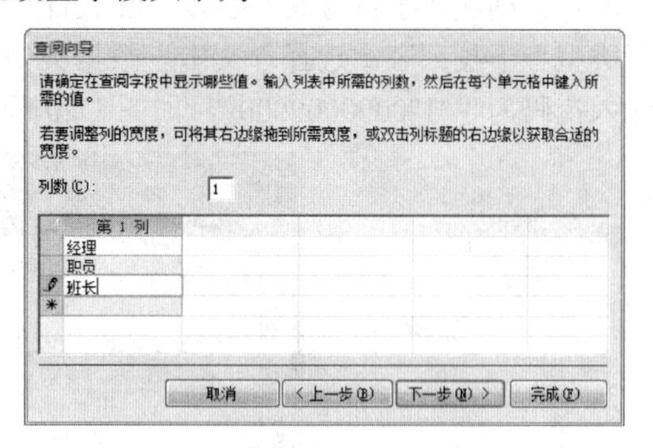

图 1-17　“查阅向导”对话框　　　　图 1-18　设置查阅字段显示的值

10）创建“所属部门”字段。在设计视图的“字段名称”列输入“所属部门”，在“数据类型”下拉列表中选择“文本”数据类型，在“字段属性”区设置字段大小为 2。

11）创建“参加工作日期”字段。在设计视图的“字段名称”列输入“参加工作日期”，在“数据类型”下拉列表中选择“日期/时间”数据类型。

12）设置表有效性规则。选择“设计”（显示/隐藏）→“属性表”命令，打开“属性表”窗格，在“有效性规则”文本框中输入“[参加工作日期]>[出生日期]”或“[出生日期]<[参

加工作日期]”，在“有效性文本”文本框中输入“参加工作日期必须大于出生日期”，如图 1-19 所示。

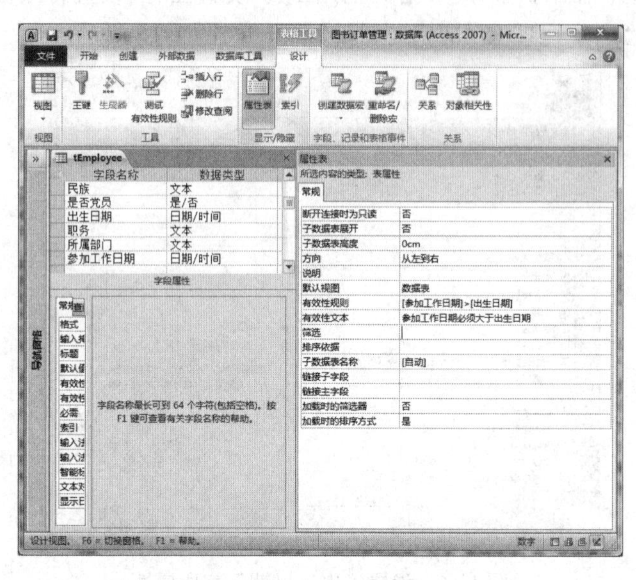

图 1-19 在“属性表”窗格设置有效性规则

13）创建“个人简历”字段。在设计视图的“字段名称”列输入“个人简历”，在“数据类型”下拉列表中选择“备注”数据类型。

14）创建“照片”字段。在设计视图的“字段名称”列输入“照片”，在“数据类型”下拉列表中选择“OLE 对象”数据类型。

15）创建“手机号码”字段。在设计视图的“字段名称”列输入“手机号码”，在“数据类型”下拉列表中选择“文本”数据类型，在“字段属性”区设置字段大小为 11，设置输入掩码为“"1"0000000000”，如图 1-20 所示。

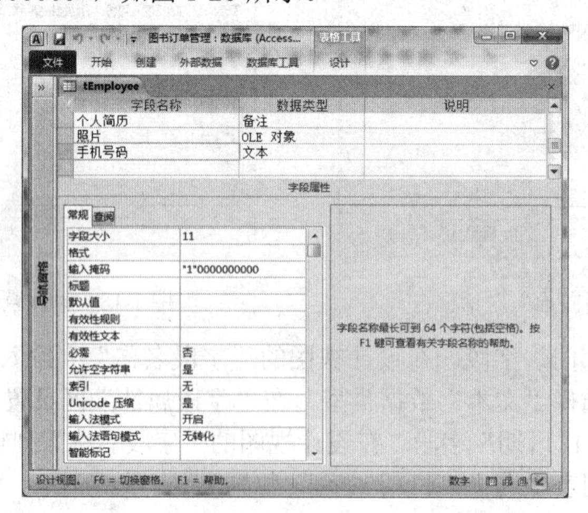

图 1-20 设置“手机号码”字段属性

16）创建“工资”字段。在设计视图的“字段名称”列输入“工资”，在“数据类型”下拉列表中选择“货币”数据类型，小数位数选择 2，有效性规则为“>0”。

17）创建“参加工作年龄”字段。在设计视图的“字段名称”列输入“参加工作年龄”，在“数据类型”下拉列表中选择“计算”数据类型，在弹出的“表达式生成器”对话框中输入“Year([参加工作日期])-Year([出生日期])”，如图 1-21 所示。

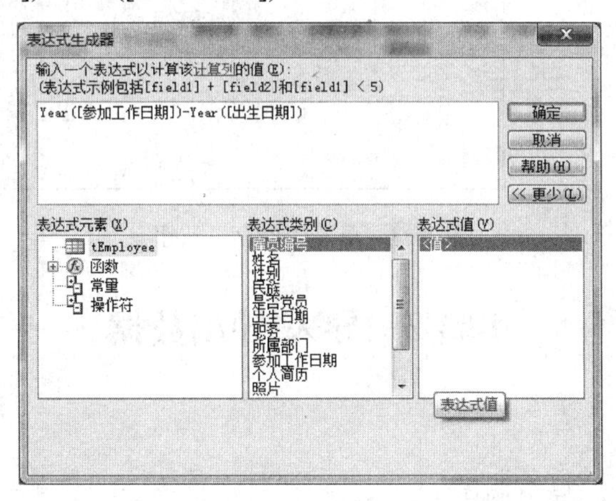

图 1-21 “表达式生成器”对话框

18）在“字段属性”区设置“结果类型”为“整型”，“格式”选择“常规数字”，小数位数选择 0，如图 1-22 所示。

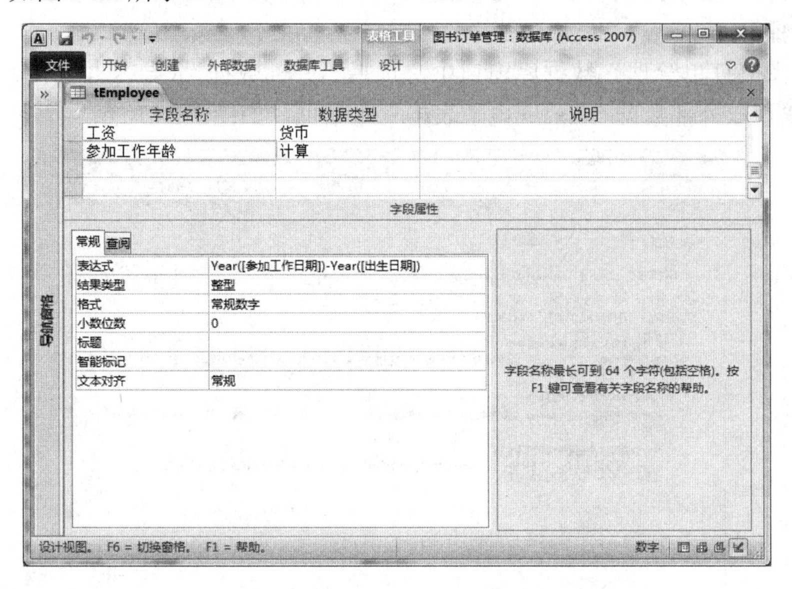

图 1-22 设置“参加工作年龄”字段属性

19）单击快速访问工具栏中的“保存”按钮，如图 1-23 所示。

20）在弹出的“另存为”对话框中输入表名“tEmployee”，单击“确定”按钮，完成 tEmployee 表的建立。

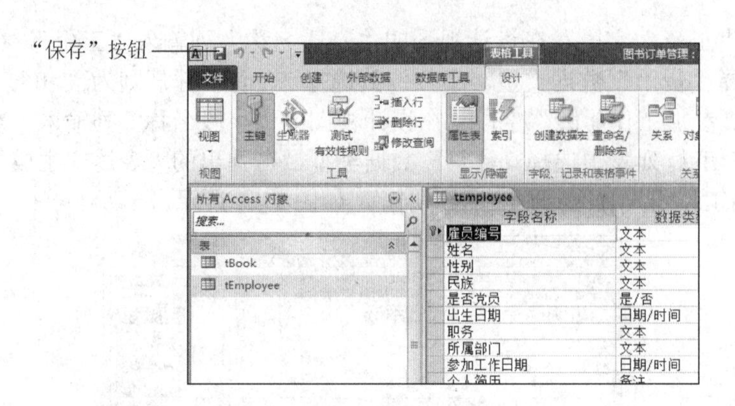

图 1-23　单击"保存"按钮

实验 2　导入/导出数据

一、实验目的

学习表中数据的导入/导出操作。

二、实验任务及步骤

实验任务 1　通过导入方式，将电子表格文件 tEmployee.xlsx 数据追加到 tEmployee 表中。

【操作步骤】

1）在"图书订单管理"数据库窗口中，选择"外部数据"（导入并链接）→"Excel"命令，弹出"获取外部数据 - Excel 电子表格"对话框，如图 1-24 所示。

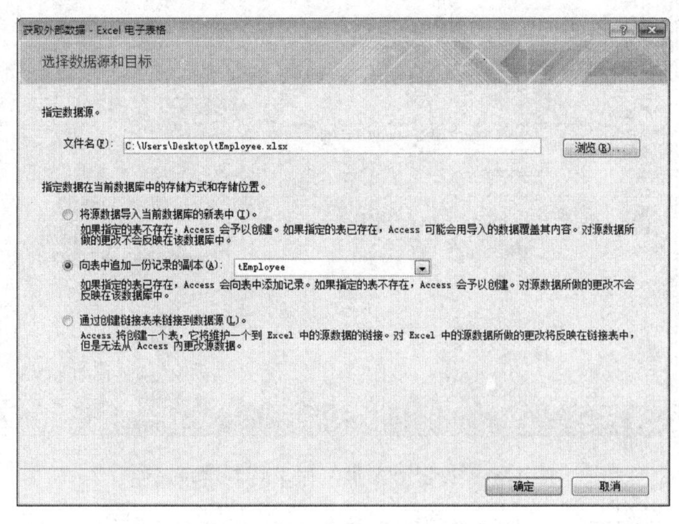

图 1-24　"获取外部数据 - Excel 电子表格"对话框

2）在对话框中单击“浏览”按钮，选择要导入的 tEmployee.xlsx 文件，在“指定数据在当前数据库中的存储方式和存储位置”选项组中选择第二个选项“向表中追加一份记录的副本”，然后在右侧的下拉列表框中选择目标表 tEmployee，单击“确定”按钮，在后续的向导对话框中单击“下一步”按钮直到完成。

实验任务 2 通过导入方式，将电子表格文件 tOrder.xlsx 导入“图书订单管理”数据库中，直接生成 tOrder 表；将文本文件 tArea.txt 导入“图书订单管理”数据库中，直接生成 tArea 表。

【操作步骤】

1）在“图书订单管理”数据库窗口中，选择“外部数据”（导入并链接）→“Excel”命令，弹出“获取外部数据 - Excel 电子表格”对话框。

2）在对话框中单击“浏览”按钮，选择要导入的 tOrder.xlsx 文件，在“指定数据在当前数据库中的存储方式和存储位置”选项组中选择第一个选项“将源数据导入当前数据库的新表中”，如图 1-25 所示。

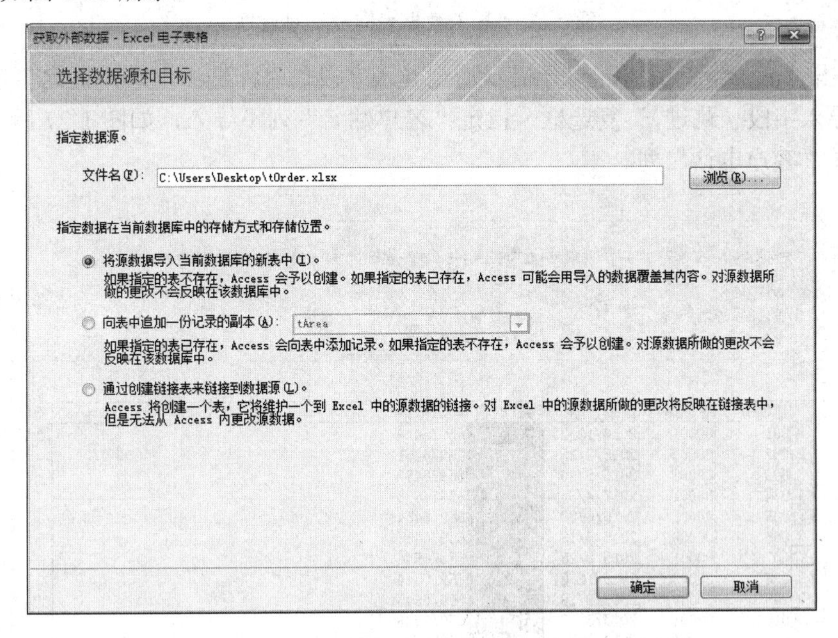

图 1-25 “获取外部数据 - Excel 电子表格”对话框

3）单击“确定”按钮，弹出“导入数据表向导”对话框，单击“下一步”按钮，在弹出的对话框中选中“第一行包含列标题”复选框（用列标题作为表的字段名），如图 1-26 所示。

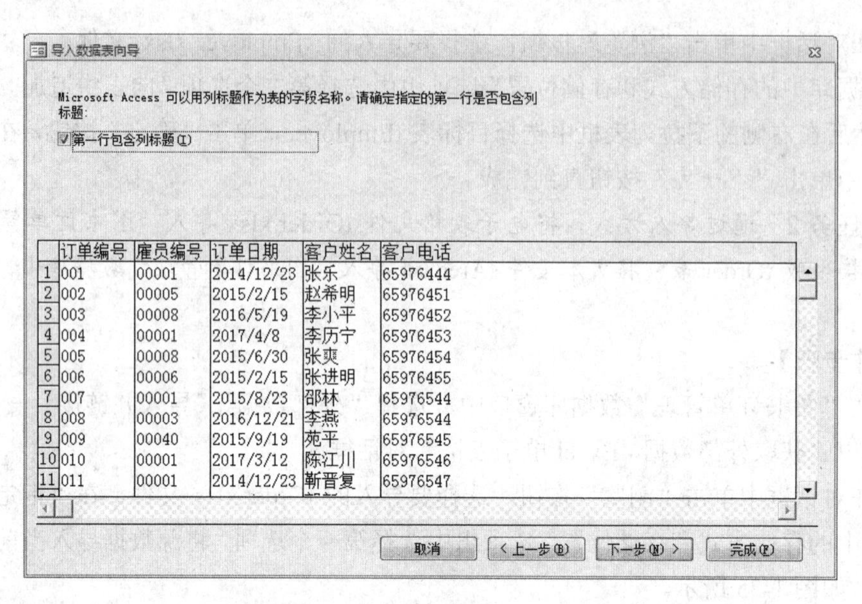

图 1-26 “导入数据表向导”对话框

4）单击“下一步”按钮，向导提示指定导入字段信息，选中“客户姓名”字段，然后选中“不导入字段（跳过）”复选框，指定“客户姓名”列不导入，如图 1-27 所示。以同样的操作跳过“客户电话”列。

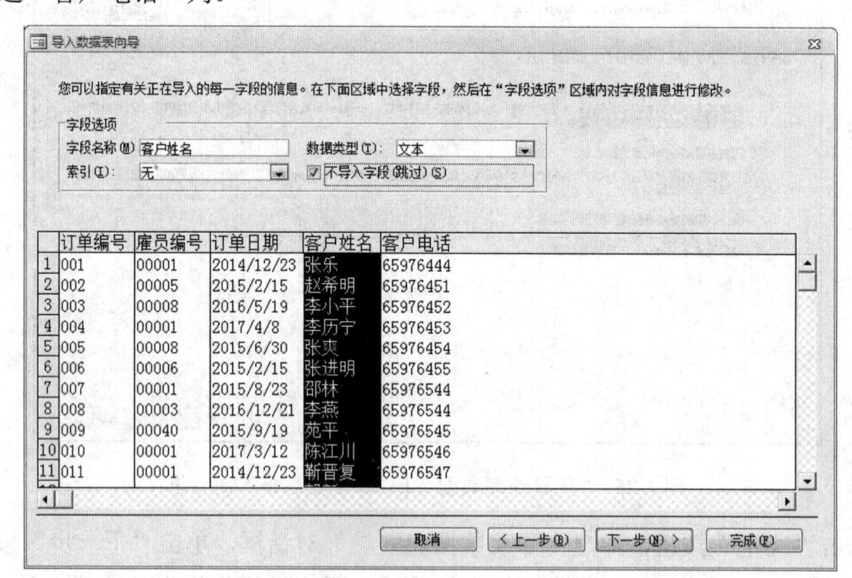

图 1-27 指定导入字段信息

5）单击“下一步”按钮，进入定义主键界面，选中“我自己选择主键”单选按钮，在右侧的下拉列表框中选择“订单编号”选项，如图 1-28 所示。

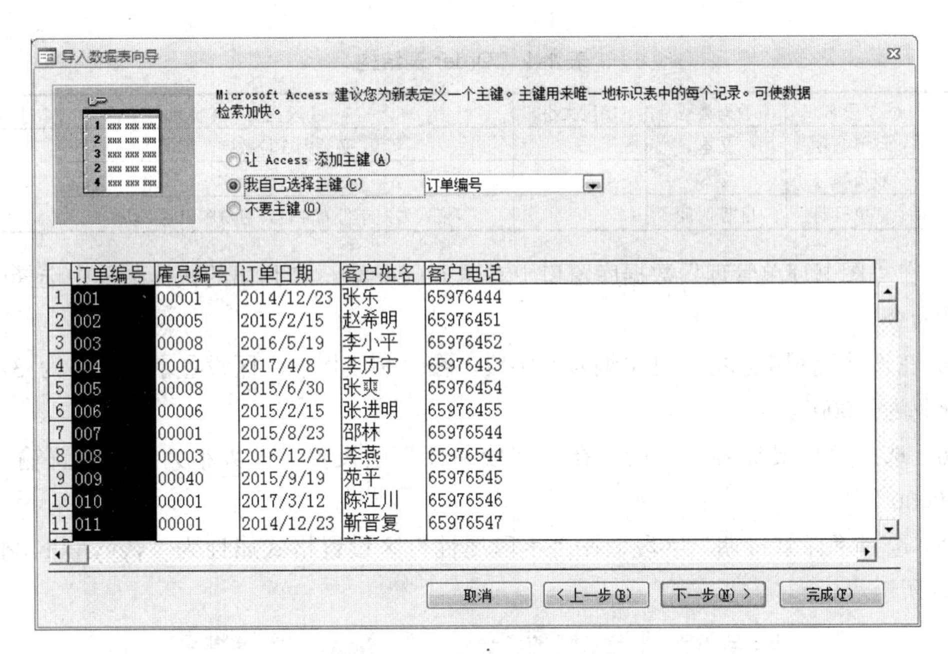

图 1-28　定义主键

6）单击“下一步”按钮，进入定义表名称界面，输入“tOrder”，如图 1-29 所示。单击“完成”按钮完成导入。

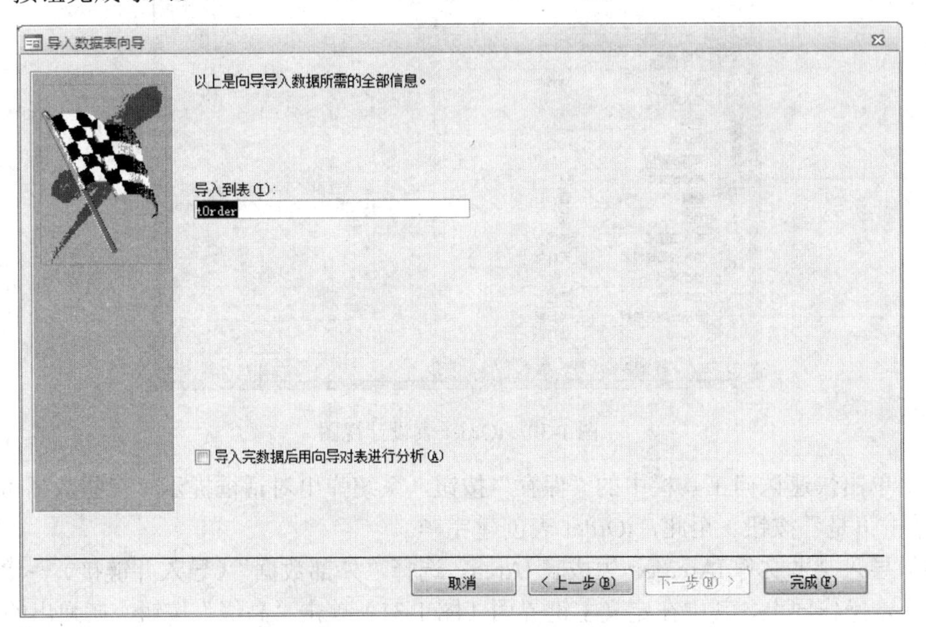

图 1-29　定义表名称界面

7）按照表 1-4 修改表的字段属性。

表 1-4　tOrder 表结构

表名	字段名	数据类型	字段大小	字段说明	主键字段
tOrder	订单编号	文本	3	必须为 3 位数字	订单编号
	雇员编号	文本	5	必须为 5 位数字	
	订单日期	日期/时间		格式为：年份为 4 位，月份和日为 2 位	

8）在“图书订单管理”数据库窗口中右击 tOrder 表，在弹出的快捷菜单中选择“设计视图”命令。

9）在设计视图中选择“订单编号”字段，在“字段属性”区设置字段大小为 3，设置输入掩码为“000”。

10）选择“雇员编号”字段，在“字段属性”区设置字段大小为 5，设置输入掩码为“00000”。

11）选择“订单日期”字段，在“字段属性”区设置格式属性为“yyyy/mm/dd”，如图 1-30 所示。

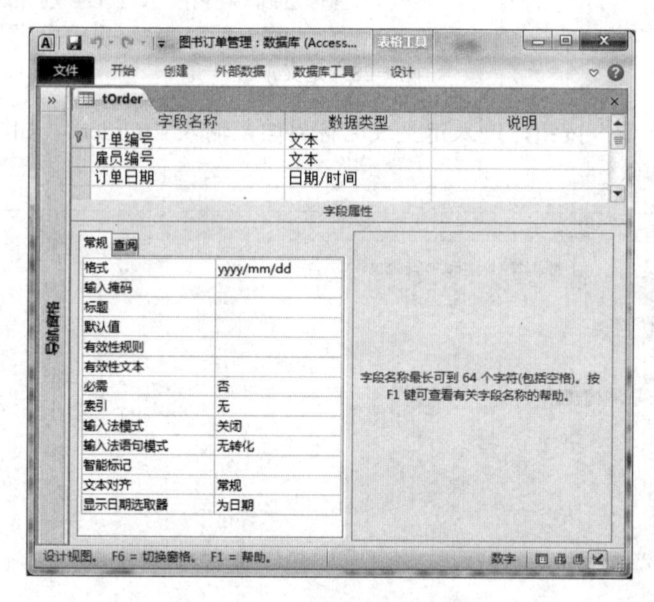

图 1-30　tOrder 表设计视图

12）单击快速访问工具栏中的“保存”按钮，系统弹出对话框提示“有些数据可能已丢失”，单击“是”按钮。至此，tOrder 表创建完毕。

13）导入文本文件 tArea.txt 生成表 tArea。选择“外部数据”（导入并链接）→“文本文件”命令，操作同上，其中在定义主键界面（图 1-31）单击“高级”按钮，在弹出的“tArea 导入规格”对话框中选中“日期具有前导零”复选框，将数据前面的数字零一同导入，如图 1-32 所示。

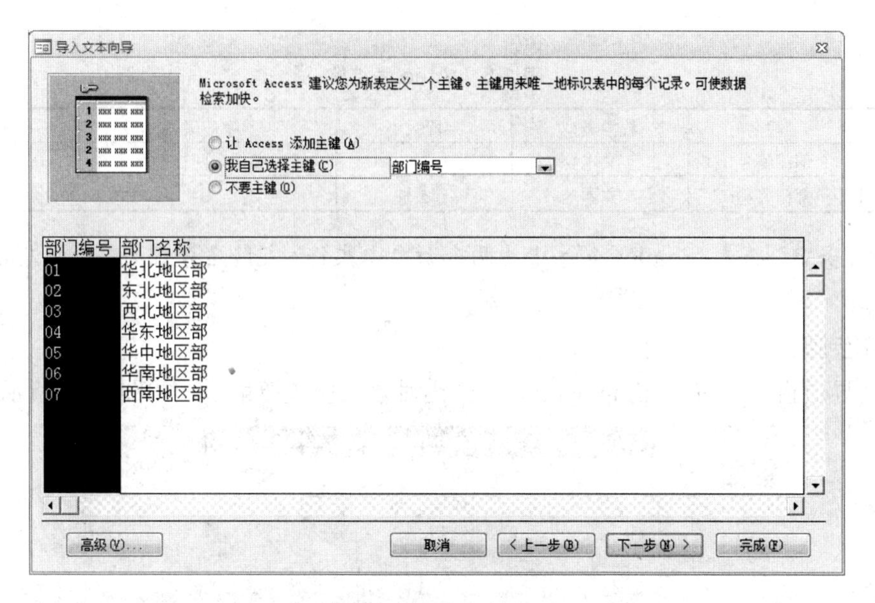

图 1-31　定义主键界面

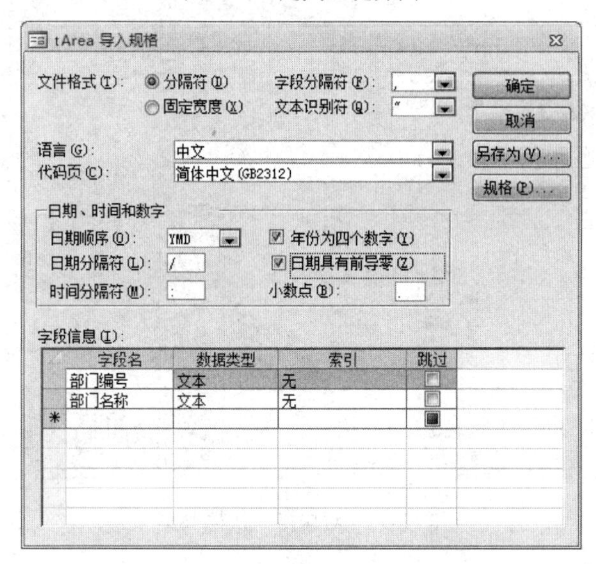

图 1-32　“tArea 导入规格”对话框

14）按照表 1-5 修改 tArea 表的字段属性。在“图书订单管理”数据库窗口中右击 tArea 表，在弹出的快捷菜单中选择“设计视图”命令。

15）在设计视图中选择“部门编号”字段，在“字段属性”区设置字段大小为 2，设置输入掩码为“00”。

16）选择“部门名称”字段，在“字段属性”区设置字段大小为 5。单击快速访问工具栏中的“保存”按钮。至此，tArea 表创建完毕。

表 1-5 tArea 表结构

表名	字段名	数据类型	字段大小	字段说明	主键字段
tArea	部门编号	文本	2	必须为两位数字	部门编号
	部门名称	文本	5		

实验任务 3 将表 tEmployee 导出为两个新文本文件，文件名分别为“女员工.txt”和“男员工.txt”。

【操作步骤】

1）在导航窗格中右击 tEmployee 表，弹出对象操作快捷菜单，如图 1-33 所示。

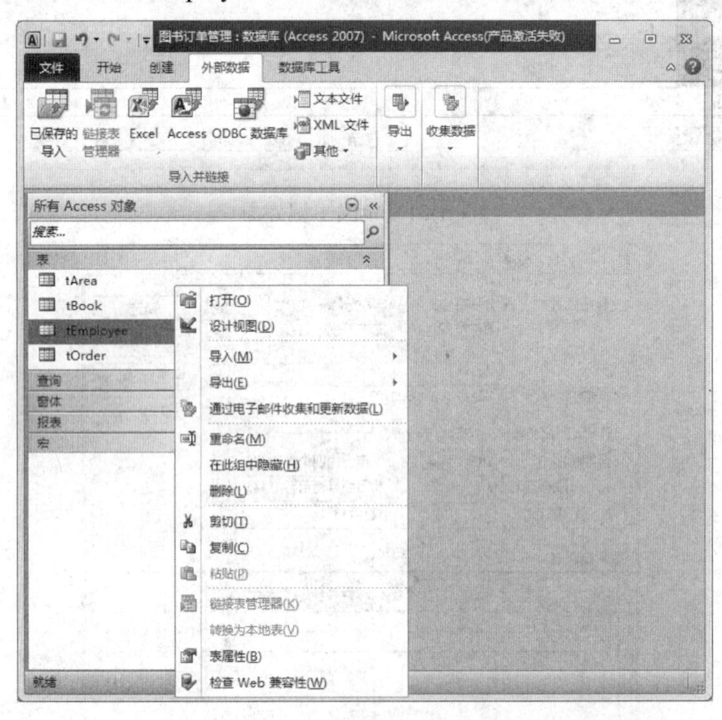

图 1-33 对象操作快捷菜单

2）选择“复制”命令复制“tEmployee”表，再次右击，对象操作快捷菜单中的“粘贴”命令有效，选择该命令，打开图 1-34 所示的“粘贴表方式”对话框。

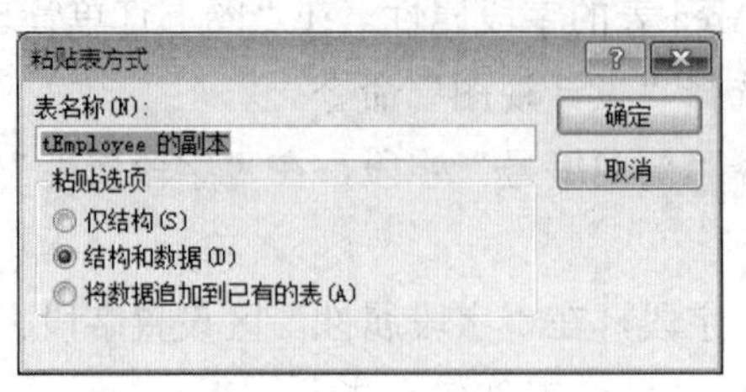

图 1-34 “粘贴表方式”对话框

3）选中“结构和数据”单选按钮，单击“确定”按钮，生成“tEmployee的副本”表。打开该表，单击“性别”字段名右侧的下拉按钮 打开字段筛选器，选择“升序”排序记录，用鼠标指向首记录状态列，按住鼠标左键向下拖动到最后一条男生记录，然后释放鼠标，所有男生记录均被选中，如图1-35所示。

雇员编号	姓名	性别	民族	是否党员	出生日期	职务	所属部门	参加工作日
00029	李建华	男	壮		1965/1/15	经理	02	198
00018	马旭光	男	回		1964/7/26	班长	02	19
00016	铁木耳	男	蒙古		1965/2/6	班长	04	19
00015	次仁德吉	男	藏		1965/1/15	班长	01	1985
00014	苑平	男	汉		1960/11/12	职员	04	197
00013	刘颖	男	汉		1965/2/5	班长	02	19
00024	马龙吟	男	回		1978/3/12	班长	07	199
00011	克里木	男	维吾尔		1967/11/12	经理	03	19
00026	仁青索朗	男	壮		1979/11/3	经理	07	20
00010	王娅	男	汉		1952/8/9	职员	01	197
00017	周冬梅	男	汉		1963/6/23	班长	03	198
00009	李大德	男	汉		1959/10/1	职员	07	19
00022	扬灵	男	汉		1977/7/17	班长	05	1997
00031	郭新	男	汉		1960/11/12	职员	04	19
00007	王菲	男	汉		1964/3/21	职员	01	19
00034	陈江川	男	汉		1963/6/23	职员	04	19
00005	小买卖提	男	维吾尔		1972/11/1	职员	03	1995
00036	周金馨	男	汉		1968/5/1	职员	06	19
00003	靳晋复	男	汉		1970/1/1	职员	04	19
00039	李仪	男	汉		1980/7/17	职员	06	20
00002	魏光符	男	汉		1962/7/1	班长	05	19
00041	卓玛	男	藏		1979/3/12	职员	04	20
00006	娜仁	女	蒙古		1958/4/25	经理	01	19
00012	索朗江村	女	藏		1965/1/15	职员	03	198
00004	沈核	女	汉		1978/6/1	职员	06	199
00008	阿依古丽	女	维吾尔		1962/8/6	职员	01	19
00028	胡方	女	汉		1979/2/1	职员	05	20
00040	林海为	女	回		1981/5/10	职员	06	20

图1-35 选中男生记录

4）选择“开始”（记录）→“删除”命令，系统打开确认删除对话框，如图1-36所示。单击“是”按钮，即可删除所有男生记录。

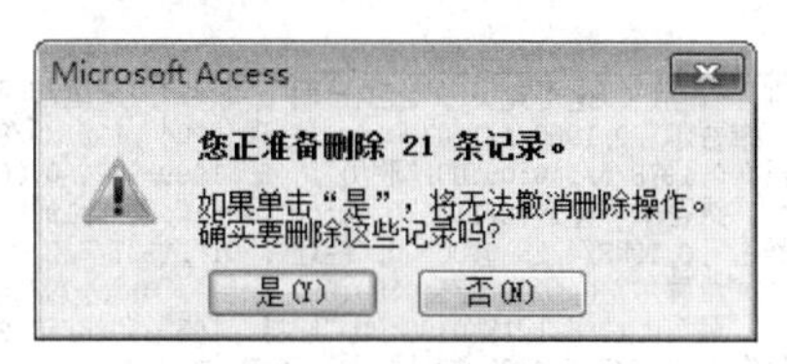

图1-36 确认删除对话框

5）单击快速访问工具栏中的“保存”按钮。至此，“tEmployee的副本”表中是女员工的记录。

6）在导航窗格中右击“tEmployee的副本”表，在弹出的快捷菜单中选择“导出”→“文本文件”命令，弹出“导出 - 文本文件”对话框，如图 1-37 所示。

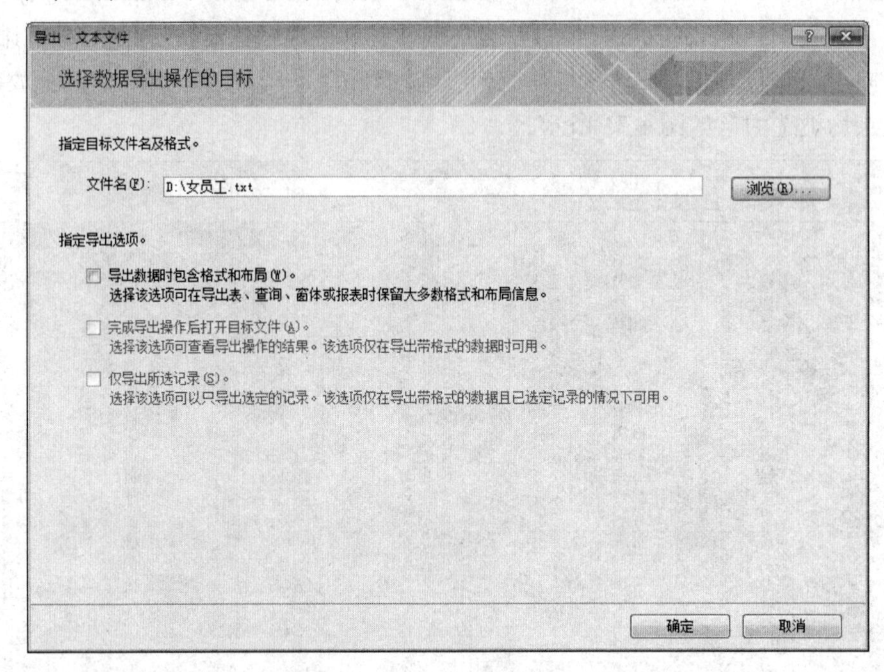

图 1-37 “导出 - 文本文件”对话框

7）在对话框中单击“浏览”按钮，选择“D:\”，在“文件名”文本框内将文件名改为“女员工.txt”。单击“确定”按钮，弹出“导出文本向导”对话框，单击“下一步”按钮，在弹出的对话框中选中“第一行包含字段名称”复选框，如图 1-38 所示。单击“完成”按钮，完成导出任务。

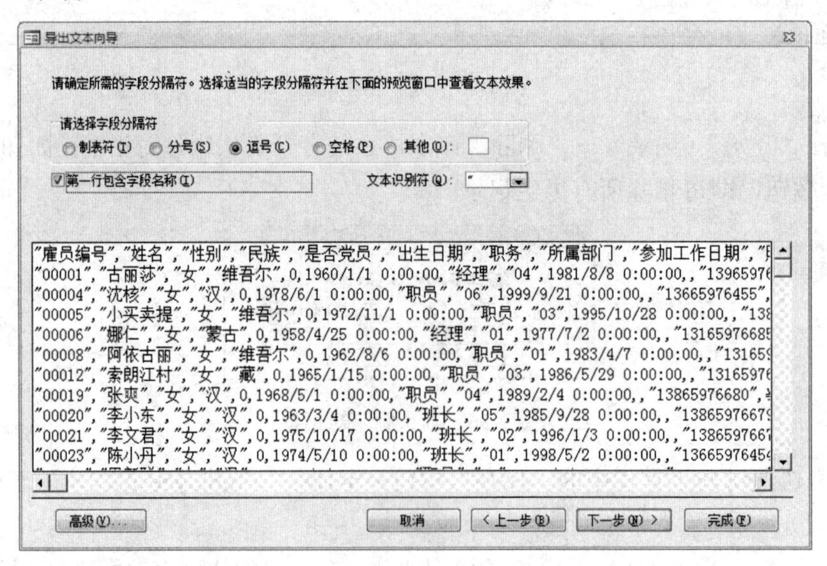

图 1-38 “导出文本向导”对话框

8）用同样的方法导出男员工文本文件。

实验任务 4　使用表设计视图创建表 tDetail，表结构如表 1-6 所示，其中“订单编号”字段和“图书编号”字段的数据类型为“查阅向导”。通过导入 tDetail-bak.xlsx 生成表 tDetail-bak，将其记录内容复制到 tDetail 表中。

表 1-6　tDetail 表结构

表名	字段名	数据类型	字段大小	字段说明	主键字段
tDetail	订单编号	查阅向导	3	必须为 3 位数字	订单编号 图书编号
	图书编号	查阅向导	3	必须为 3 位数字	
	数量	数字		整型	

【操作步骤】

1）在“图书订单管理”数据库窗口中，选择“创建”（表格）→“表设计”命令，进入表设计视图。

2）创建“订单编号”字段。在设计视图的“字段名称”列第一行输入“订单编号”，在“字段属性”区设置字段大小为 3，单击“数据类型”列右侧的下拉按钮▾，在下拉列表中选择“查阅向导”数据类型（图 1-39），弹出“查阅向导”对话框。

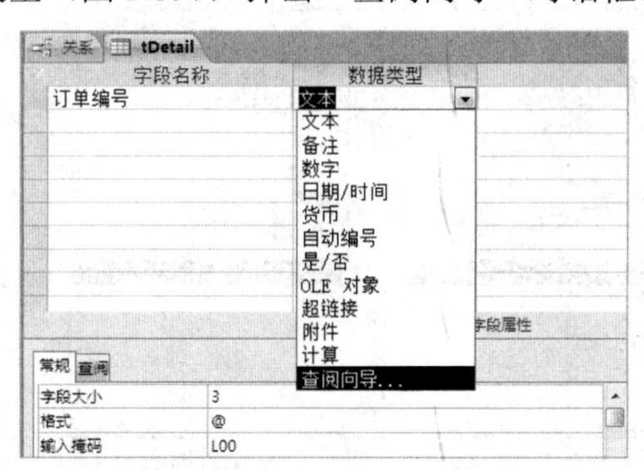

图 1-39　选择“查阅向导”数据类型

3）选中“使用查阅字段获取其他表或查询中的值”单选按钮，如图 1-40 所示。

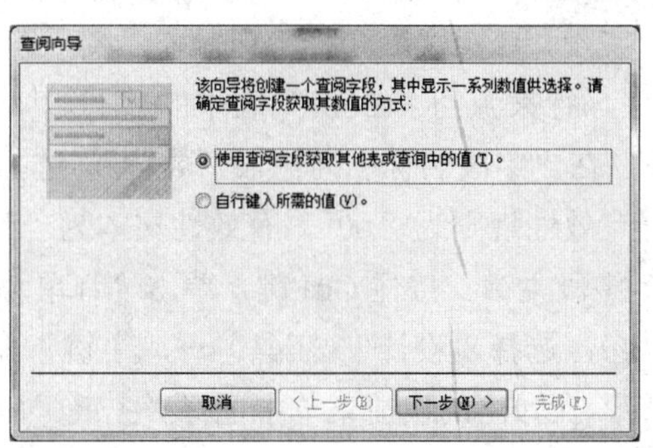

图 1-40　“查阅向导”对话框

4）单击“下一步”按钮，进入选择数据源界面，如图 1-41 所示。

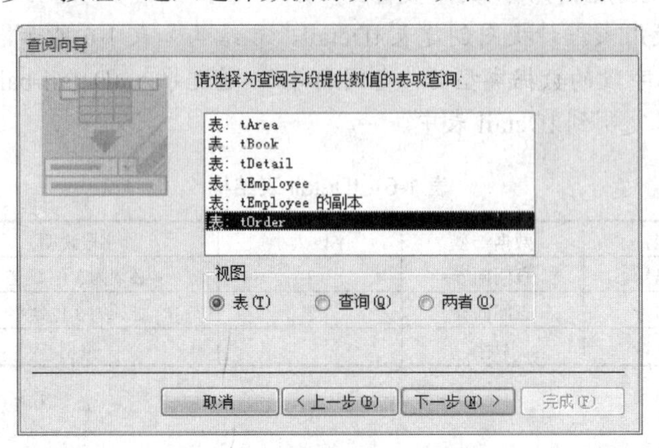

图 1-41 选择数据源界面

5）在列表框中选择“表：tOrder”，单击“下一步”按钮，进入字段选择界面，如图 1-42 所示。在“可用字段”列表框中双击“订单编号”字段，连续单击“下一步”按钮直到完成。至此，表 tDetail 中的“订单编号”字段内容只能出自表 tOrder 中的“订单编号”字段。

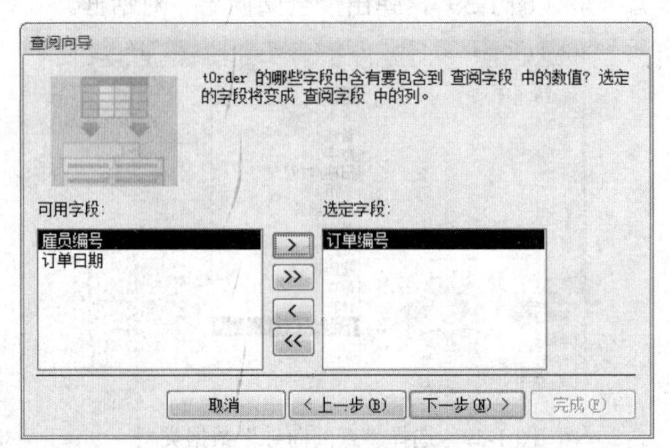

图 1-42 字段选择界面

6）创建“图书编号”字段。在“字段名称”列输入“图书编号”，设置字段大小为 3，选择“查阅向导”数据类型，行来源为“tBook”表中的“书籍编号”字段。

7）创建“数量”字段。在“字段名称”列输入“数量”，选择“数字”数据类型，设置字段大小为“整型”，设置有效性规则为“>0”，有效性文本为“数量必须大于零”。

8）为 tDetail 表设置多字段主键。按住 Ctrl 键，单击“订单编号”和“图书编号”字段状态列（字段名左侧灰色块），选择“设计”（工具）→“主键”命令，或右击“订单编号”和“图书编号”字段所在行，在弹出的快捷菜单中选择“主键”命令，字段状态列会显示主键标记，如图 1-43 所示。

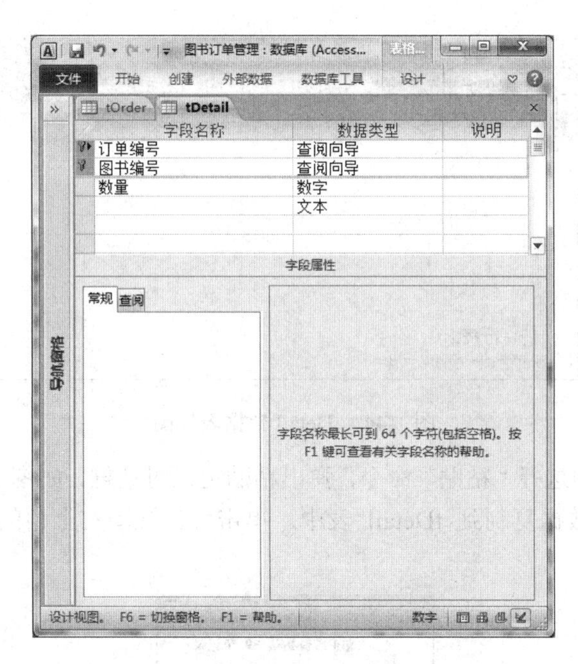

图 1-43　多字段主键设置

9）单击设计视图右上角的“关闭”按钮，弹出“另存为”对话框，输入表名“tDetail”，单击“确定”按钮，完成 tDetail 表的建立。

10）导入 tDetail-bak.xlsx 中的数据到 tDetail-bak 表中。选择“外部数据”（导入并链接）→“Excel”命令，弹出“获取外部数据 - Excel 电子表格”对话框。

11）在对话框中单击“浏览”按钮，选择要导入的 tDetail-bak.xlsx 文件，在“指定数据在当前数据库中的存储方式和存储位置”选项组中选择“将源数据导入当前数据库的新表中”单选按钮。

12）单击“确定”按钮，弹出“导入数据表向导”对话框，单击“下一步”按钮，在弹出的对话框中选中“第一行包含列标题”复选框。

13）单击“下一步”按钮，进入定义主键界面，选中“不要主键”单选按钮。

14）单击“下一步”按钮，进入定义表名称界面，使用默认名称“tDetail-bak”。单击“完成”按钮结束导入。

15）复制 tDetail-bak 表中的数据。在导航窗格中双击 tDetail-bak 表，打开 tDetail-bak 数据表视图，按 Ctrl+A 组合键选择所有记录，然后按 Ctrl+C 组合键复制数据到剪贴板中。

16）在导航窗格中双击 tDetail 表，打开 tDetail 数据表视图，右击数据表视图左上角的记录选择器，弹出的快捷菜单如图 1-44 所示。

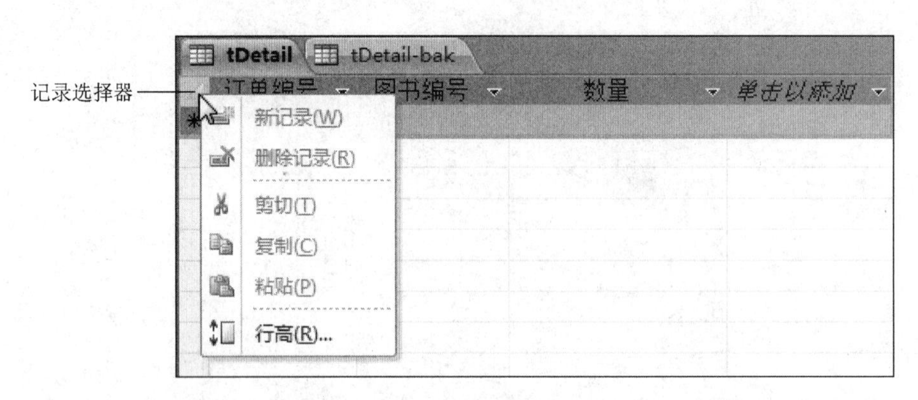

图 1-44　tDetail 数据表视图

17）在快捷菜单中选择“粘贴”命令，弹出粘贴记录对话框，如图 1-45 所示。单击“是”按钮，将剪贴板中的数据复制到 tDetail 表中。单击设计视图右上角的“关闭”按钮，关闭 tDetail 表。

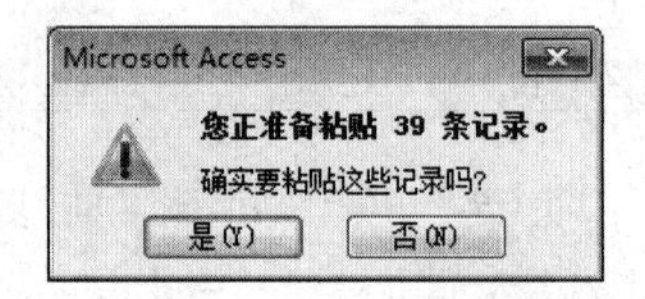

图 1-45　粘贴记录对话框

实验 3　设置表的格式

一、实验目的

学习表的格式设置。

二、实验任务及步骤

实验任务　设置 tEmployee 表的显示格式，使表的背景色为“浅灰 1”，单元格效果为“凹陷”，网格线为“浅蓝”，字号为 14，行高为 20，将“姓名”字段显示宽度设为 15，将“雇员编号”字段冻结，将“照片”字段隐藏，按“雇员编号”字段降序排序。

【操作步骤】

1）在“图书订单管理”数据库的导航窗格中双击 tEmployee 表，打开其数据表视图。

2）选择“开始”选项组“文本格式”组右下角的“设置数据表格式”按钮，弹出“设置数据表格式”对话框，如图 1-46 所示。设置表的背景色为“浅灰 1”，单元格效果为“凹陷”，网格线颜色为“浅蓝”，单击“确定”按钮。

3）在“开始”（文本格式）→“字号”下拉列表框中设置字号为 14。在“姓名”字段名上右击，弹出的快捷菜单如图 1-47 所示。

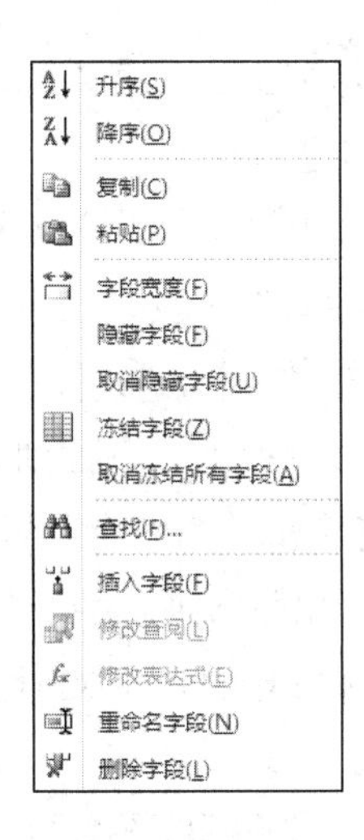

图 1-46　“设置数据表格式”对话框　　图 1-47　快捷菜单

4）选择“字段宽度”命令，弹出“列宽”对话框，如图 1-48 所示。在“列宽”文本框中输入 15，单击“确定”按钮。

5）选择“开始”（记录）→“其他”→“行高”命令，弹出“行高”对话框，如图 1-49 所示。在“行高”文本框中输入 20，单击“确定”按钮，表格行高即被设置为 20。

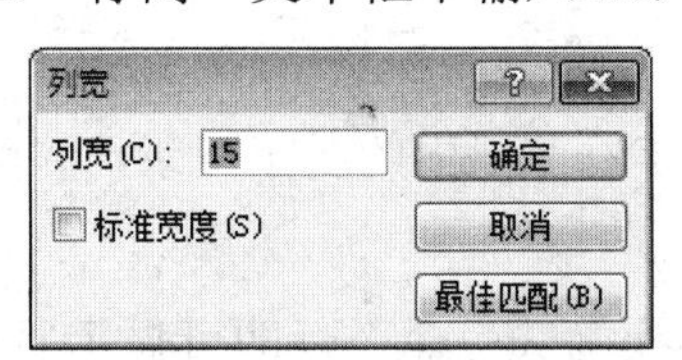

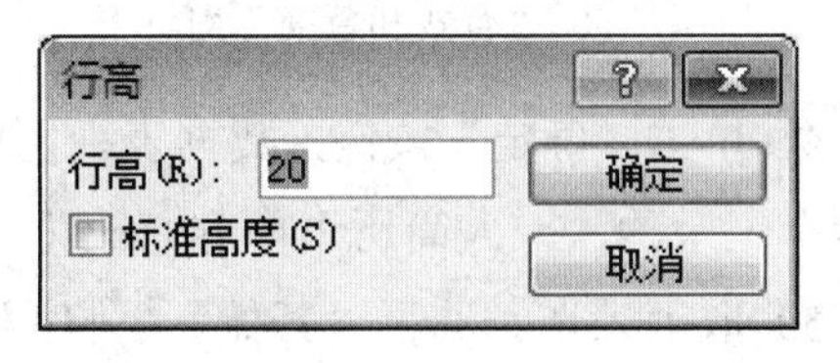

图 1-48　“列宽”对话框　　图 1-49　“行高”对话框

6）在“雇员编号”字段名上右击，在弹出的快捷菜单中选择“冻结字段”命令；在“照片”字段名上右击，在弹出的快捷菜单中选择“隐藏字段”命令。

7）单击“雇员编号”字段名右侧的下拉按钮，打开字段筛选器，选择“降序”命令。

8）单击数据表视图右上角的“关闭”按钮，保存并关闭 tEmployee 表。

实验 4　操　作　表

一、实验目的

学习表记录的排序和筛选。

二、实验任务及步骤

实验任务　将 tEmployee 表中所有姓名中的“红”字替换为“宏”字；筛选出 tEmployee

表中 1965 年以前出生的员工记录，将其“个人简历”中的内容修改为“现已退休”。

【操作步骤】

1）在“图书订单管理”数据库的导航窗格中双击 tEmployee 表，打开其数据表视图。

2）在“姓名”字段名上右击，在弹出的快捷菜单中选择“查找”命令，弹出“查找和替换”对话框，如图 1-50 所示。单击“替换”选项卡，在“查找内容”下拉列表框中输入“红”字，在“替换为”下拉列表框中输入“宏”字，在“匹配”下拉列表框中选择“字段任何部分”选项，单击“全部替换”按钮完成替换，然后关闭对话框。

3）单击“出生日期”字段名右侧的下拉按钮，打开字段筛选器，选择“日期筛选器”→“之前”命令，弹出“自定义筛选”对话框，在“出生日期 不晚于”文本框中输入“1965/1/1”，如图 1-51 所示。

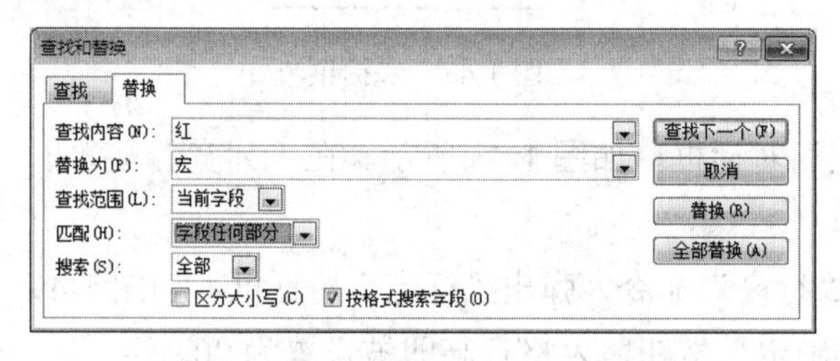

图 1-50 “查找和替换”对话框

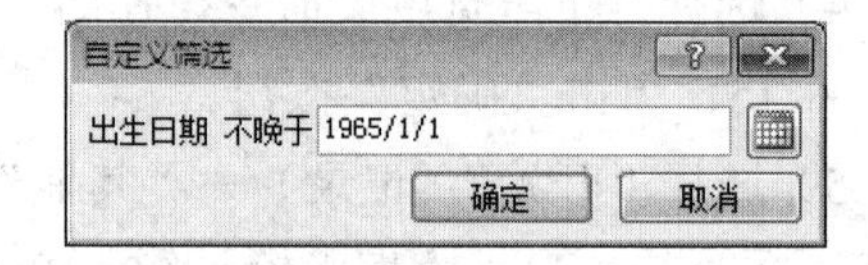

图 1-51 “自定义筛选”对话框

4）单击“确定”按钮，数据表视图中只显示 1965 年以前出生的员工记录，将筛选出来的所有记录的“个人简历”内容修改为“现已退休”。

5）取消筛选。选择“开始”（排序和筛选）→“切换筛选”命令，即可显示原表内容。或者单击“出生日期”字段名右侧的下拉按钮，打开字段筛选器，选择“从"出生日期"清除筛选器”命令，也可以取消筛选。

6）单击数据表视图右上角的“关闭”按钮，保存并关闭 tEmployee 表。

实验 5　建立表间关系

一、实验目的

学习建立表之间的关系。

二、实验任务及步骤

实验任务　建立“图书订单管理”数据库中 tEmployee、tDetail、tBook、tOrder 和 tArea 表之间的关系，并实施参照完整性，要求级联更新和级联删除，如图 1-52 所示。

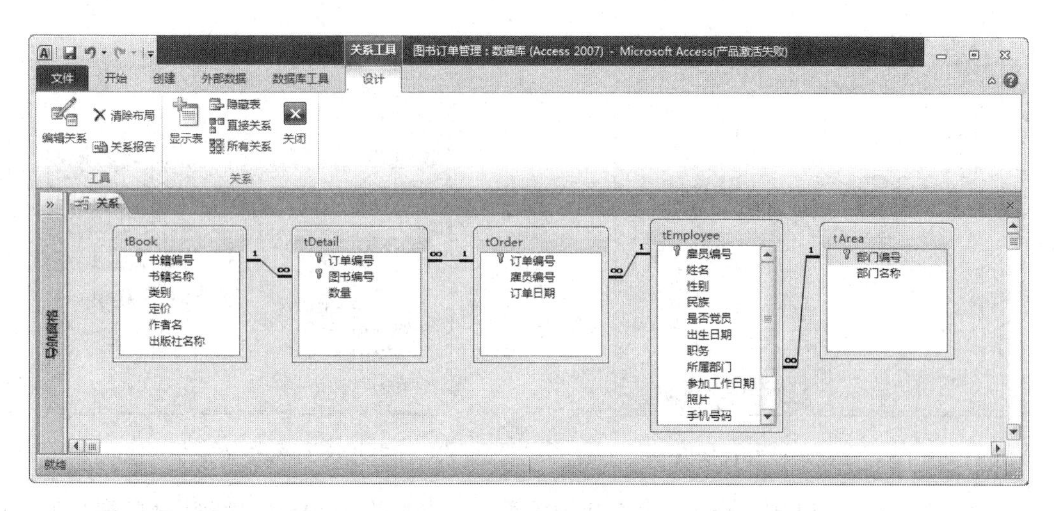

图 1-52 “图书订单管理”数据库中表之间的关系

【操作步骤】

1）在“图书订单管理”数据库窗口中，选择“数据库工具”（关系）→“关系”命令，进入“关系”窗口。

2）在创建 tDetail 表的“图书编号”和“订单编号”字段时分别通过查阅向导引用了 tBook 表和 tOrder 表的对应字段，系统自动创建了这三个表之间的关系，因此“关系”窗口中的这三个表之间已经建立了关系连线，如图 1-53 所示。

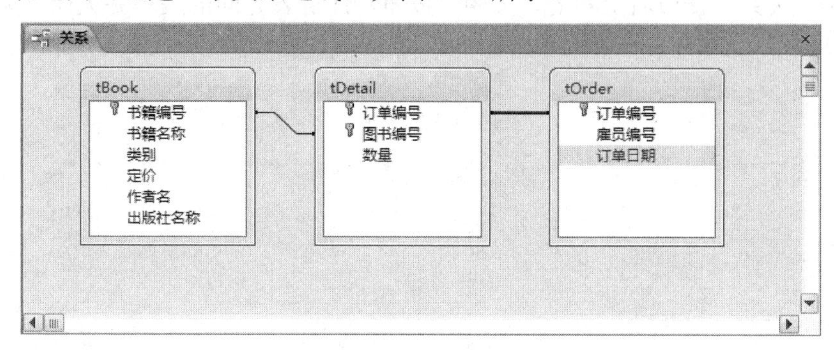

图 1-53 “关系”窗口

3）将 tEmployee 表和 tArea 表添加到“关系”窗口。一种方法是从导航窗格中拖动 tEmployee 表和 tArea 表到“关系”窗口；另一种方法是右击“关系”窗口任意处，在弹出的快捷菜单中选择“显示表”命令，打开“显示表”对话框，从中选择 tEmployee 表和 tArea 表，单击“添加”按钮到“关系”窗口，如图 1-54 所示。

4）创建 tEmployee 表和 tOrder 表之间的关系。用鼠标拖动 tEmployee 表的“雇员编号”字段到 tOrder 表的“雇员编号”字段，释放鼠标左键时，系统打开“编辑关系”对话框，如图 1-55 所示。选中“实施参照完整性”复选框、“级联更新相关字段”复选框和“级联删除相关记录”复选框，然后单击“创建”按钮。

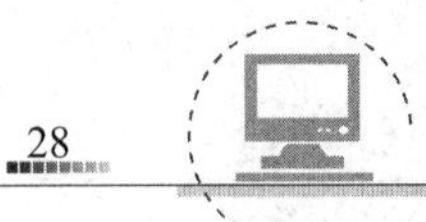

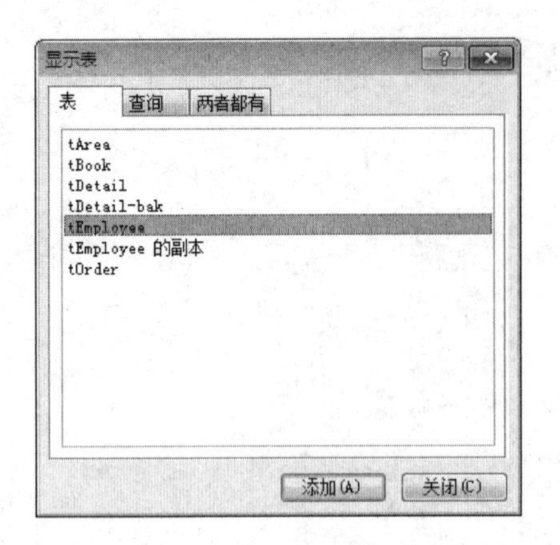

图 1-54 “显示表”对话框

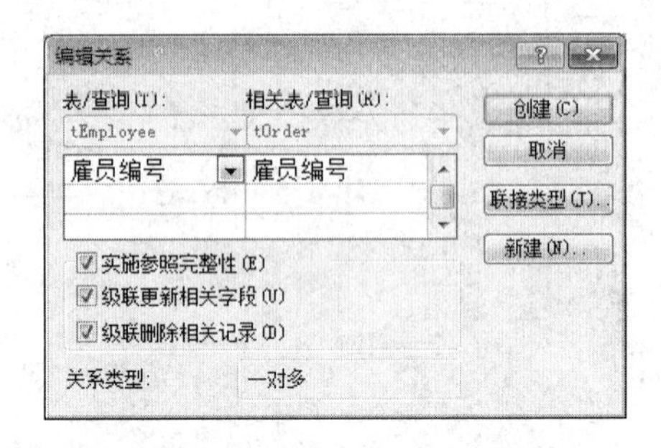

图 1-55 “编辑关系”对话框

5）创建 tArea 表和 tEmployee 表之间的关系。用鼠标拖动 tArea 表的“部门编号”字段到 tEmployee 表的“所属部门”字段，其余同步骤 4）。

6）编辑 tOrder 表和 tDetail 表之间关系。右击 tOrder 表和 tDetail 表之间关系连线，在弹出的快捷菜单中选择“编辑关系”命令，或直接双击关系连线，在弹出的“编辑关系”对话框中选中“实施参照完整性”复选框、“级联更新相关字段”复选框和“级联删除相关记录”复选框，然后单击“确定”按钮。

7）编辑 tBook 表和 tDetail 表之间关系，同步骤 6）。

8）单击“关系”窗口右上角的“关闭”按钮，保存表之间的关系并关闭“关系”窗口。

第2章 查　询

查询用于对表中的数据进行检索，这种检索可以是针对一个表的，也可以是针对多个表的。关系运算中的大部分操作都是通过查询来实现的。

实验1　创建简单查询

一、实验目的

1）学习使用向导和设计视图创建查询。

2）学习创建简单查询、选择查询和多表查询。

二、实验任务及步骤

实验任务1　使用"简单查询向导"创建一个简单查询，查找并显示雇员的"雇员编号"、"姓名"、"性别"和"出生日期"四个字段的内容，所建查询命名为"雇员信息查询"。

【操作步骤】

1）在"图书订单管理"数据库窗口中，选择"创建"（查询）→"查询向导"命令，弹出"新建查询"对话框，如图2-1所示。

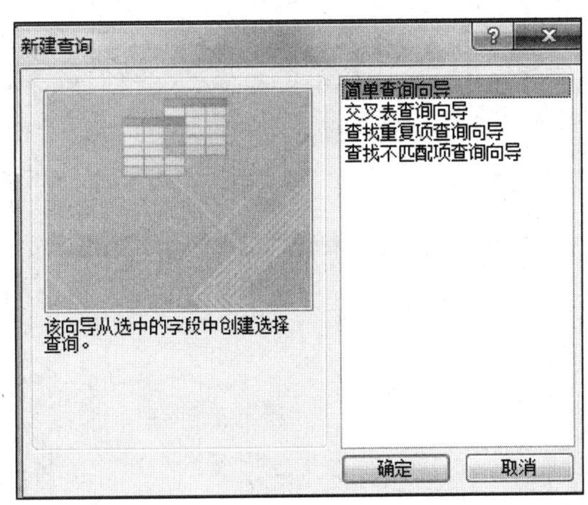

图2-1　"新建查询"对话框

2）在"新建查询"对话框中选择"简单查询向导"，单击"确定"按钮，弹出"简单查询向导"对话框。

3）在“表/查询”下拉列表框中选择“表：tEmployee”，将“可用字段”列表框中的“雇员编号”、“姓名”、“性别”和“出生日期”四个字段添加到“选定字段”列表框中，如图 2-2 所示。单击“下一步”按钮。

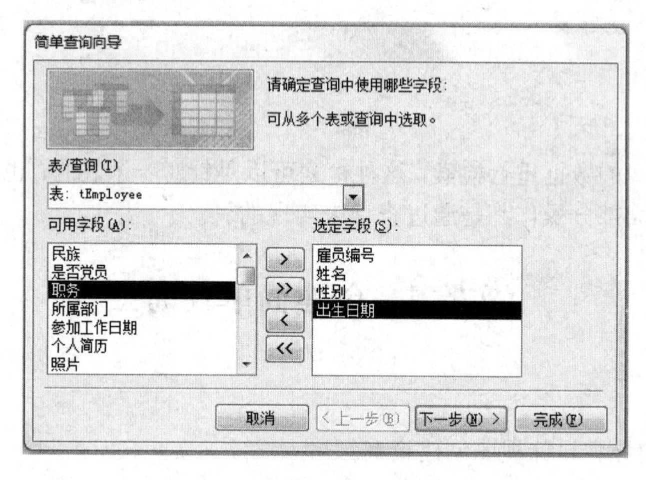

图 2-2 “简单查询向导”对话框

4）在“请为查询指定标题”文本框中输入“雇员信息查询”，单击“完成”按钮。

实验任务 2 使用设计视图创建一个条件查询，查找并显示 1980 年及以后出生的雇员的“雇员编号”、“姓名”、“性别”和“出生日期”四个字段内容，所建查询命名为“80 后雇员信息”。

【操作步骤】

1）在“图书订单管理”数据库窗口中，选择“创建”（查询）→“查询设计”命令，弹出“显示表”对话框，如图 2-3 所示。

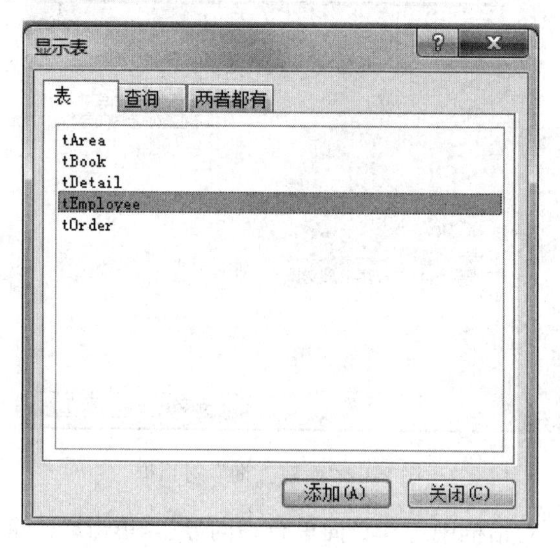

图 2-3 “显示表”对话框

2）在“显示表”对话框的“表”选项卡中选择 tEmployee 表，单击“添加”按钮，再单击“关闭”按钮，进入查询设计视图。

3）双击 tEmployee 表的“雇员编号”、“姓名”、“性别”和“出生日期”四个字段，将其添加到“字段”行，在“字段”行“出生日期”字段的下一列中输入“Year([出生日期])”，在该列的“条件”行中输入“>=1980”，并取消该列“显示”行的复选框，如图 2-4 所示。

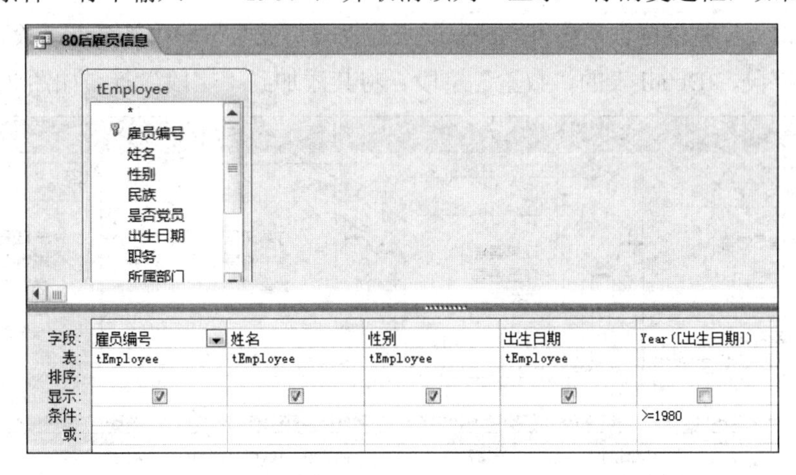

图 2-4 “80 后雇员信息”查询设计视图

4）单击快速访问工具栏中的“保存”按钮，弹出“另存为”对话框，在“查询名称”文本框中输入“80 后雇员信息”，单击“确定”按钮，完成“80 后雇员信息”查询的建立，如图 2-5 所示。

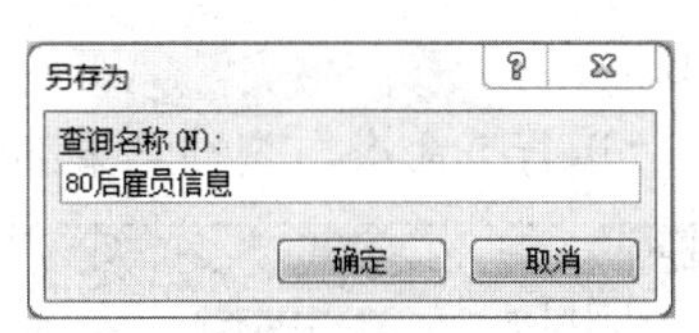

图 2-5 “另存为”对话框

5）选择“设计”(结果) → “运行”命令或选择“视图” → “数据表视图”命令，都可以浏览查询结果，如图 2-6 所示。

雇员编号	姓名	性别	出生日期
00039	李仪	男	1980/7/17
00040	林海为	女	1981/5/10
00042	王乐	女	1983/8/1

图 2-6 “80 后雇员信息”查询结果

实验任务 3 以数据表 tEmployee、tOrder、tDetail 和 tBook 为数据源，创建一个多表查询，查找每名雇员的书籍销售情况，显示字段为“雇员编号”、“姓名”、“书籍名称”和“数量”四个字段内容，所建查询命名为“雇员销售详情”。

【操作步骤】

1）在“图书订单管理”数据库窗口中，选择“创建”（查询）→“查询设计”命令，在弹出的“显示表”对话框“表”选项卡中分别双击 tEmployee 表、tOrder 表、tDetail 表和 tBook 表，单击“关闭”按钮。

2）在查询设计视图中，双击 tEmployee 表的“雇员编号”和“姓名”字段、tBook 表的“书籍名称”字段、tDetail 表的“数量”字段，将其添加到“字段”行，如图 2-7 所示。

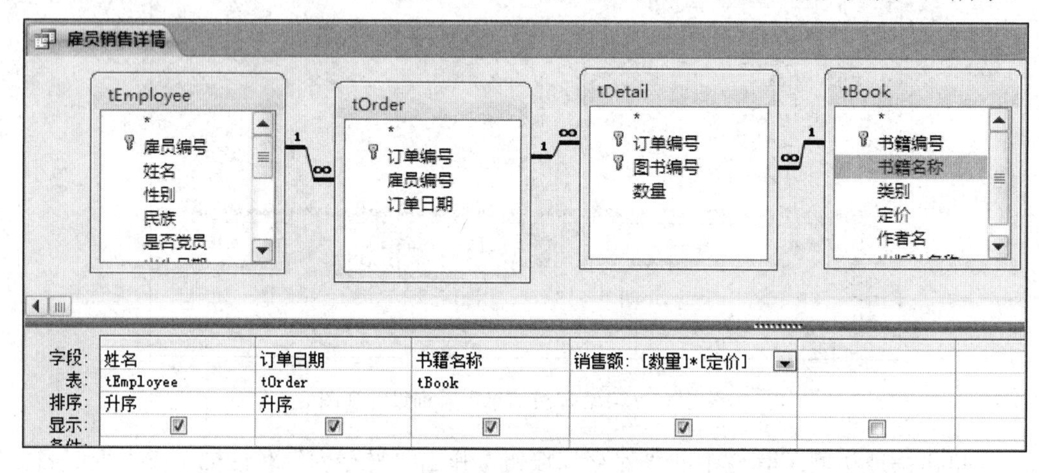

图 2-7　查询设计视图

3）单击快速访问工具栏中的“保存”按钮，弹出“另存为”对话框，输入查询名“雇员销售详情”，单击“确定”按钮。

4）单击“设计”（结果）→“运行”命令，查询结果部分数据如图 2-8 所示。

雇员销售详情

姓名	订单日期	书籍名称	销售额
阿依古丽	2015/03/14	经济学原理	360
阿依古丽	2015/06/03	计算机原理	135
阿依古丽	2015/06/30	成本会计	495
阿依古丽	2015/06/30	劳动合同纠纷咨询	420
阿依古丽	2015/06/30	Excel2010应用教程	4776
阿依古丽	2016/01/05	成本核算	630
阿依古丽	2016/05/19	市场经济法制建设	967.5
阿依古丽	2016/05/19	网络原理	1890
阿依古丽	2016/05/19	会计原理	1560
阿依古丽	2017/01/17	市场经济法制建设	64.5
古丽莎	2014/11/26	市场经济法制建设	193.5
古丽莎	2014/12/23	经济学原理	2000
古丽莎	2014/12/23	成本核算	675
古丽莎	2014/12/23	会计原理	299

图 2-8　“雇员销售详情”查询结果部分数据

实验2 创建重复项与不匹配项查询

一、实验目的

1）学习使用“查找重复项查询向导”创建查询。

2）学习使用“查找不匹配查询向导”创建查询。

二、实验任务及步骤

实验任务1 利用“查找重复项查询向导”创建一个查询，查找成交两笔以上的雇员名单，所建查询要求显示“姓名”和“订单日期”两个字段，并命名为“成交两笔以上的雇员信息”。

【操作步骤】

1）创建一个名为“姓名和订单日期”的查询，该查询以数据表tEmployee和tOrder为数据源，显示字段为“姓名”和“订单日期”。

2）在“图书订单管理”数据库窗口中，选择“创建”(查询)→“查询向导”命令，在弹出“新建查询”对话框中选择“查找重复项查询向导”，单击“确定”按钮。

3）在“查找重复项查询向导”对话框的“视图”选项组中选中“查询”单选按钮，在“请确定用以搜寻重复字段值的表或查询”列表框中选择“查询：姓名和订单日期”，如图2-9所示。

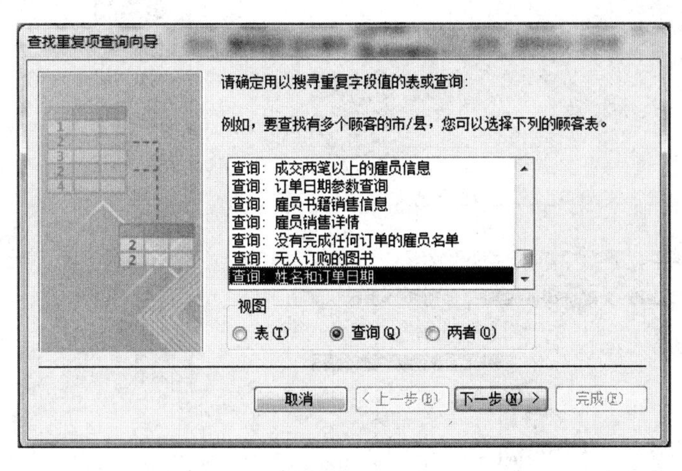

图2-9 “查找重复项查询向导”对话框

4）单击“下一步”按钮，进入查询向导“请确定可能包含重复信息的字段”界面，双击“可用字段”列表框中的“姓名”字段，将其添加到“重复值字段”列表框中，如图2-10所示。

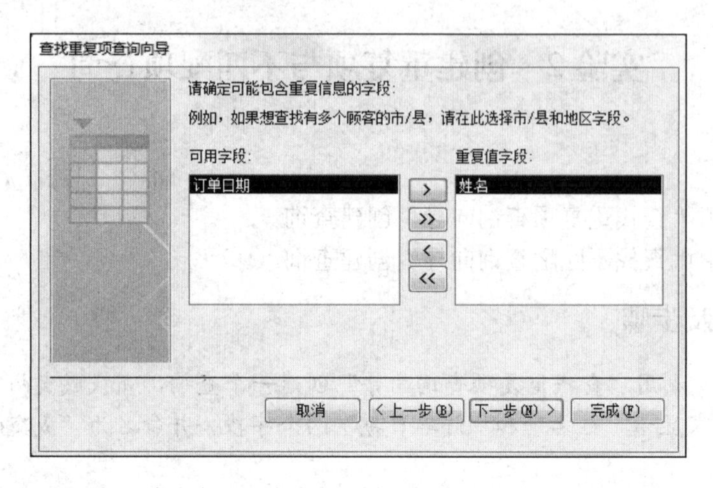

图 2-10　查询向导“请确定可能包含重复信息的字段”界面

5）单击“下一步”按钮，进入查询向导“请确定查询是否显示除带有重复值的字段之外的其他字段”界面，双击“可用字段”列表框中的“订单日期”字段，将其添加到“另外的查询字段”列表框中，如图 2-11 所示。

6）单击“下一步”按钮，在“请指定查询名称”文本框中输入“成交两笔以上的雇员信息”，单击“完成”按钮，即显示查询结果，如图 2-12 所示。

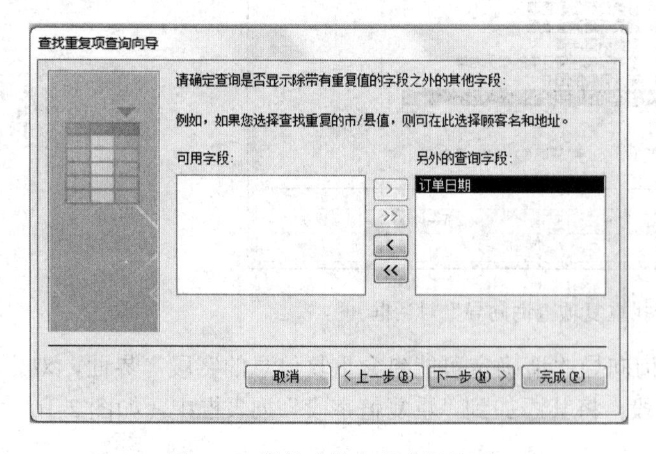

图 2-11　其他查询字段选择界面

成交两笔以上的雇员信息

姓名	订单日期
阿依古丽	2015/06/30
阿依古丽	2016/05/19
阿依古丽	2017/01/17
阿依古丽	2015/06/03
阿依古丽	2015/03/14
阿依古丽	2016/01/05
古丽莎	2017/04/08
古丽莎	2016/03/26
古丽莎	2017/03/12
古丽莎	2014/12/23
古丽莎	2014/11/26
古丽莎	2014/12/23
古丽莎	2015/08/23
靳晋复	2015/11/12
靳晋复	2016/12/21
林海为	2015/09/19
林海为	2016/08/08
沈核	2016/10/28
沈核	2016/11/24
王乐	2015/04/10
王乐	2015/10/16
魏光符	2017/02/13
魏光符	2015/07/27
小买卖提	2016/10/01
小买卖提	2016/02/28
小买卖提	2015/02/15

图 2-12　成交两笔以上的雇员信息查询结果

实验任务2 利用“查找不匹配项查询向导”创建一个查询，查找没有完成任何订单的雇员信息，要求显示“姓名”字段，所创建查询命名为“没有完成任何订单的雇员名单”。

【操作步骤】

1）在“图书订单管理”数据库窗口中，选择“创建”（查询）→“查询向导”命令，在弹出的“新建查询”对话框中选择“查找不匹配项查询向导”，单击“确定”按钮。

2）弹出“查找不匹配项查询向导”对话框，在“请确定在查询结果中含有哪张表或查询中的记录”列表框中选择“表：tEmployee”，如图2-13所示。

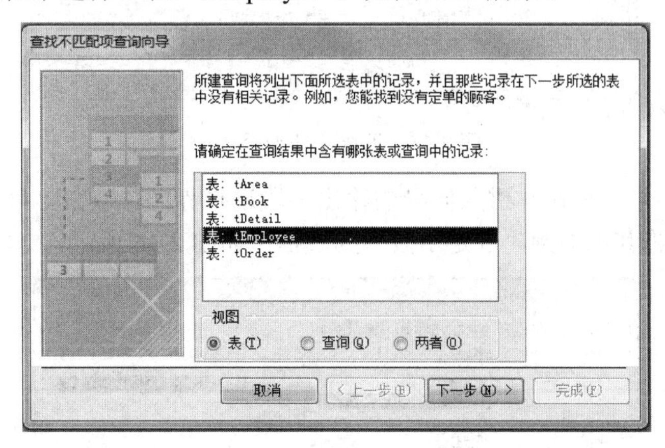

图2-13 “查找不匹配项查询向导”对话框

3）单击“下一步”按钮，进入向导的子表选择界面，在“请确定哪张表或查询包含相关记录”列表框中选择“表：tOrder”，如图2-14所示。

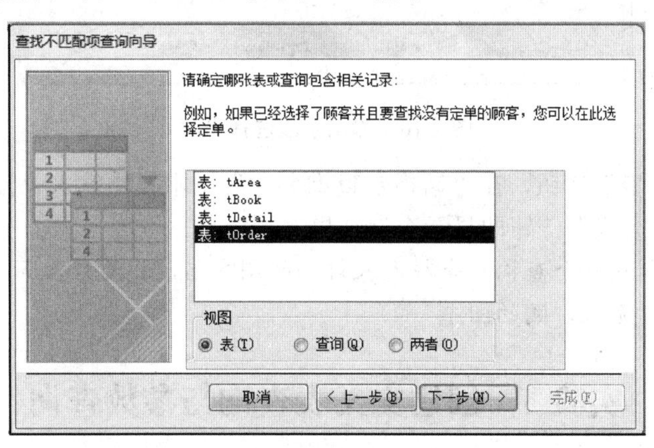

图2-14 子表选择界面

4）单击“下一步”按钮，进入向导的匹配字段选择界面，在“‘tEmployee’中的字段”列表框中选择“雇员编号”字段，在“‘tOrder’中的字段”列表框中选择“雇员编号”字段，单击<=>按钮，如图2-15所示。

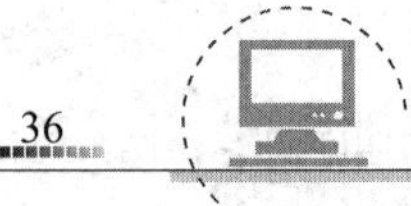

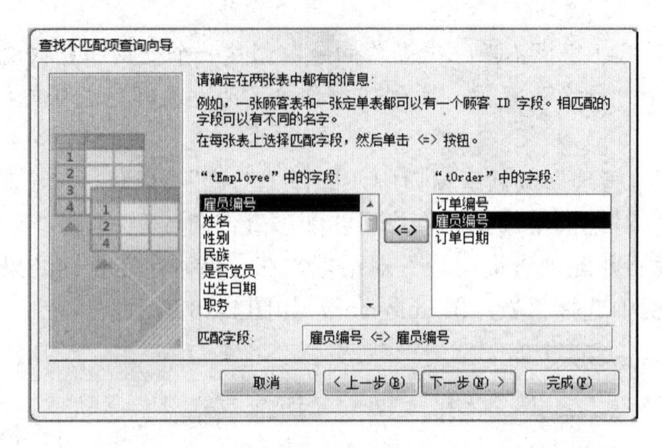

图 2-15　匹配字段选择界面

5）单击“下一步”按钮，进入向导的输出字段选择界面，双击“可用字段”列表框中的“姓名”字段，将其添加到“选定字段”列表框，如图 2-16 所示。

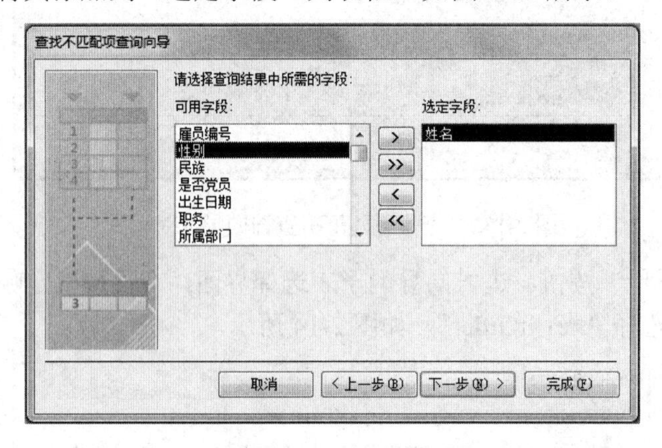

图 2-16　输出字段选择界面

6）单击“下一步”按钮，在“请指定查询名称”文本框中输入“没有完成任何订单的雇员名单”，单击“完成”按钮即显示查询结果。

课外练习题　创建一个查询，查找无人订购的图书信息，要求显示“图书名称”字段，所创建查询命名为“无人订购的图书”。

实验 3　创建交叉表查询与参数查询

一、实验目的

1）学习创建交叉表查询。

2）学习创建参数查询。

二、实验任务及步骤

实验任务 1 利用“交叉表查询向导”创建一个查询，统计数据表 tEmpolyee 中各个民族的男女职工人数，所建查询命名为“各民族男女人数统计查询”。

【操作步骤】

1）在“图书订单管理”数据库窗口中，选择“创建”（查询）→“查询向导”命令，在弹出“新建查询”对话框中选择“交叉表查询向导”，单击“确定”按钮。

2）弹出“交叉表查询向导”对话框，在“请指定哪个表或查询中含有交叉表查询结果所需的字段”列表框中选择“表：tEmployee”，如图 2-17 所示。

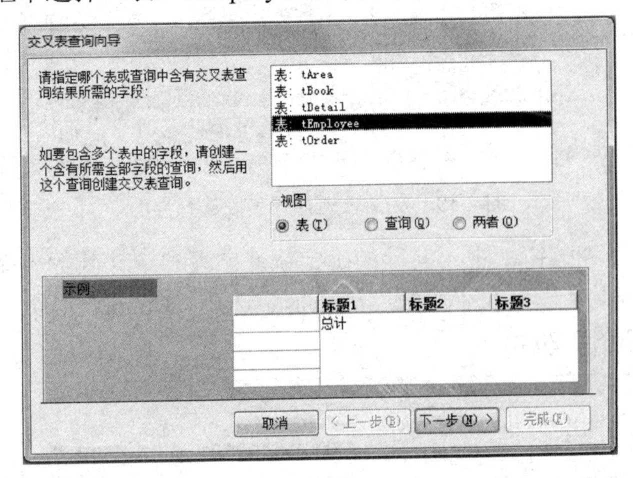

图 2-17 “交叉表查询向导”指定数据源界面

3）单击“下一步”按钮，进入向导的确定行标题字段界面，双击“可用字段”列表框中的“性别”字段，将其添加到“选定字段”列表框，如图 2-18 所示。

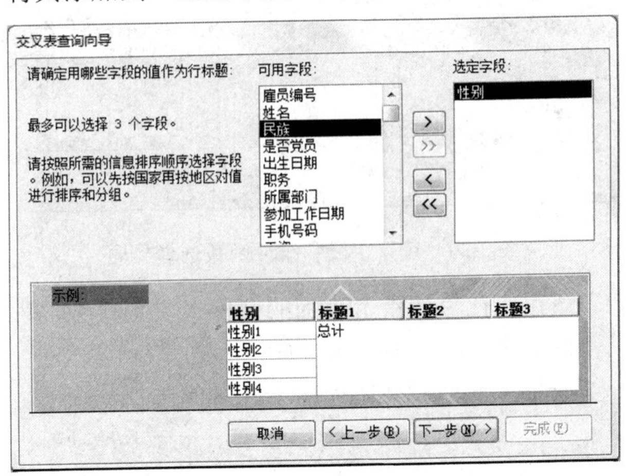

图 2-18 交叉表行标题字段选择界面

4）单击“下一步”按钮，进入向导的确定列标题字段界面，在“请确定用哪个字段的值作为列标题”列表框中选择“民族”字段，如图 2-19 所示。

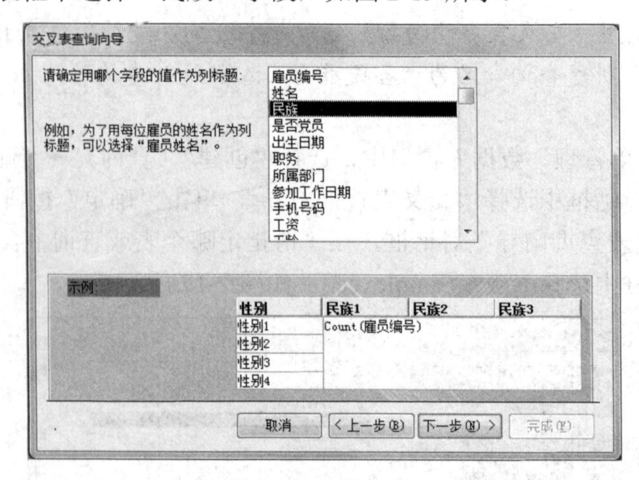

图 2-19　交叉表列标题字段选择界面

5）单击“下一步”按钮，进入向导的确定统计字段和统计函数界面，在“字段”列表框中选择“雇员编号”字段，在“函数”列表框中选择“Count”函数，取消“是，包括各行小计”复选框，如图 2-20 所示。

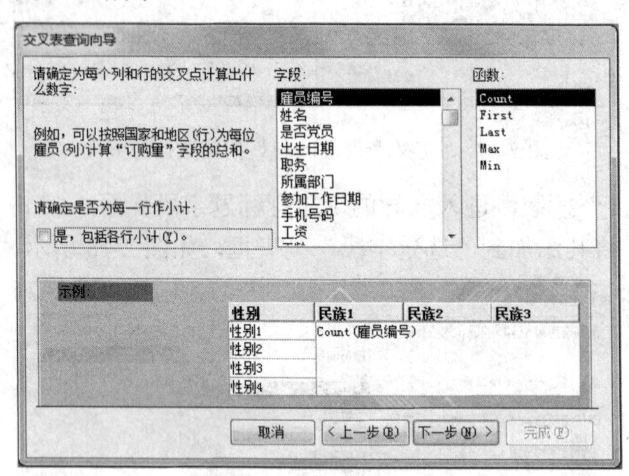

图 2-20　统计字段和统计函数选择界面

6）单击“下一步”按钮，在“请指定查询的名称”文本框中输入“各民族男女人数统计查询”，单击“完成”按钮即显示查询结果，如图 2-21 所示。

各民族男女人数统计查询

性别	藏	汉	回	蒙古	维吾尔	壮
男	2	13	2	1	2	2
女	2	13	2	1	2	

图 2-21　查询结果

实验任务 2　创建一个参数查询，数据源为 tEmployee 表，显示字段为“姓名”、“性别”、“出生日期”和“民族”，查询参数为“民族”字段，提示信息为“请输入查询的民族”，所建查询命名为“按民族查询”。

【操作步骤】

1）在“图书订单管理”数据库窗口中，选择“创建”（查询）→“查询设计”命令，在弹出的“显示表”对话框中双击 tEmployee 表，关闭“显示表”对话框。

2）在查询设计视图中双击 tEmployee 表的“姓名”、“性别”、“出生日期”和“民族”字段，将其添加到“字段”行，在“民族”字段列的“条件”行中输入“[请输入查询的民族]”，如图 2-22 所示。

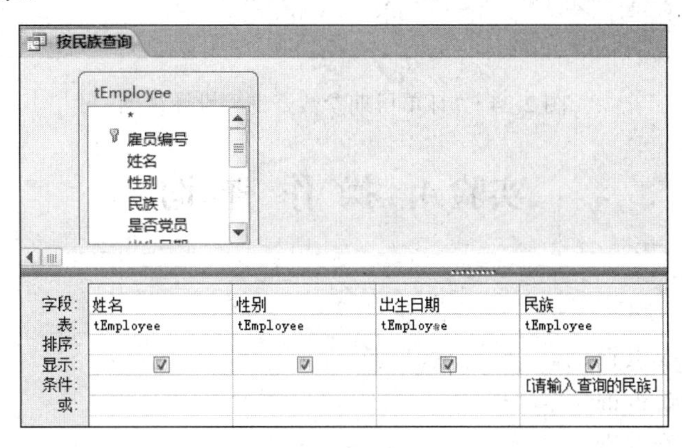

图 2-22　“按民族查询”设计视图

3）单击快速访问工具栏中的“保存”按钮，弹出“另存为”对话框，在“查询名称”文本框中输入“按民族查询”，单击“确定”按钮。

4）单击“设计”（结果）→“运行”命令，打开“输入参数值”对话框，如图 2-23 所示。

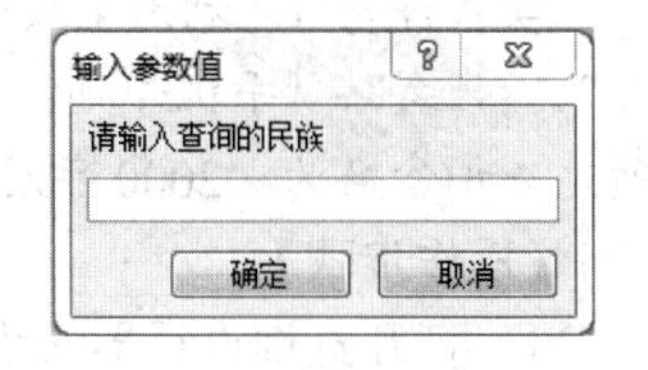

图 2-23　“输入参数值”对话框

实验任务 3　创建一个查询，通过输入订单日期，查询并显示“书籍名称”、“类别”、“定价”、“作者名”和“出版社名称”五个字段的内容。当运行该查询时，应显示参数提示信息“请输入订单日期:”，所建查询命名为“订单日期参数查询”。

【操作步骤】

1）在“图书订单管理”数据库窗口中，选择“创建”（查询）→“查询设计”命令，在弹出的“显示表”对话框中双击 tBook、tDetail 和 tOrder 表，关闭“显示表”对话框。

2）将“书籍名称”、“类别”、“定价”、“作者名”、“出版社名称”和“订单日期”添加到“字段”行，取消“订单日期”字段列的“显示”复选框，并在该列“条件”行输入“[请输入订单日期：]”，如图 2-24 所示。

3）单击快速访问工具栏中的“保存”按钮，弹出“另存为”对话框，在“查询名称”文本框中输入“订单日期参数查询”，单击“确定”按钮。

4）运行方法同实验任务 2。

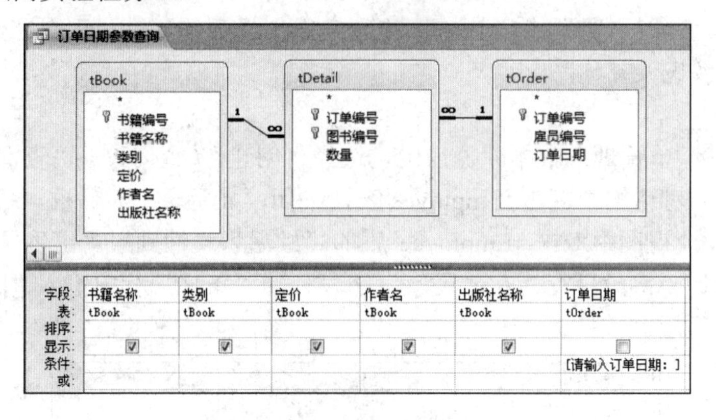

图 2-24 “订单日期参数查询”设计视图

实验 4 操 作 查 询

一、实验目的

1）学习创建生成表查询。

2）学习创建更新查询。

3）学习创建删除查询。

4）学习创建追加查询。

二、实验任务及步骤

实验任务 1 利用生成表查询，创建名为“2000 年后工作的人员”的表，包括“雇员编号”、“姓名”、“手机号码”和“工资”四个字段内容，记录包括 2000 年后参加工作的人员，所建查询命名为“2000 年后工作的人员查询”。

【操作步骤】

1）打开查询设计器（步骤略），将表 tEmployee 添加到设计器中。

2）选择“设计”（查询类型）→“生成表”命令，打开“生成表”对话框，在“表名称”下拉列表框中输入“2000 年后工作的人员”，如图 2-25 所示。单击“确定”按钮。

图 2-25 “生成表”对话框

3）分别双击“雇员编号”、“姓名”、“手机号码”和“工资”字段，将其添加到“字段”行，在“工资”字段的下一列输入“Year([参加工作日期])”，取消该列的“显示”复选框，并在其“条件”行中输入“>2000”，如图 2-26 所示。

字段:	雇员编号	姓名	手机号码	工资	Year([参加工作日期])
表:	tEmployee	tEmployee	tEmployee	tEmployee	
排序:					
显示:	☑	☑	☑	☑	☐
条件:					>2000
或:					

图 2-26　字段及条件设置

4）单击快速访问工具栏中的“保存”按钮，弹出“另存为”对话框，在“查询名称”文本框中输入“2000 年后工作的人员查询”，单击“确定”按钮。

5）单击“设计”（结果）→“运行”命令，弹出生成表提示对话框，如图 2-27 所示，单击“是”按钮。

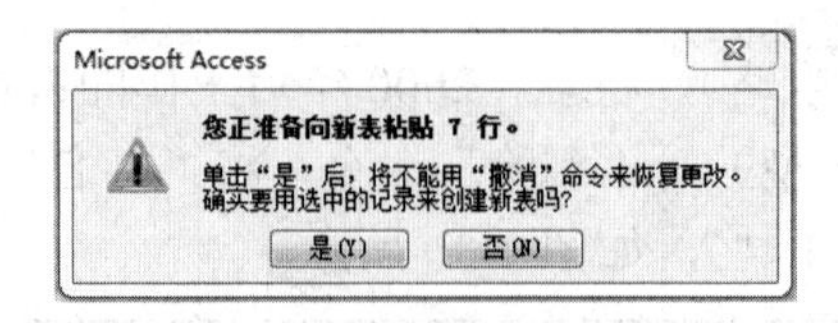

图 2-27　生成表提示对话框

实验任务 2　创建一个查询，将数据表 tEmployee 中参加工作 10 年以上（要求使用 DateAdd 函数）的人员“工资”字段的记录值都加 500，所建查询命名为“工龄 10 年以上工资加 500”。

【操作步骤】

1）打开查询设计器（步骤略），将表 tEmployee 添加到设计器中。

2）选择“设计”（查询类型）→“更新”命令，将“工资”字段添加到“字段”行第一列，在“更新到”行输入“[工资]+500”，在“字段”行“工资”字段下一列输入“DateAdd("yyyy",10,[参加工作年龄])”，在其“条件”行输入“<=Date()”，如图 2-28 所示。

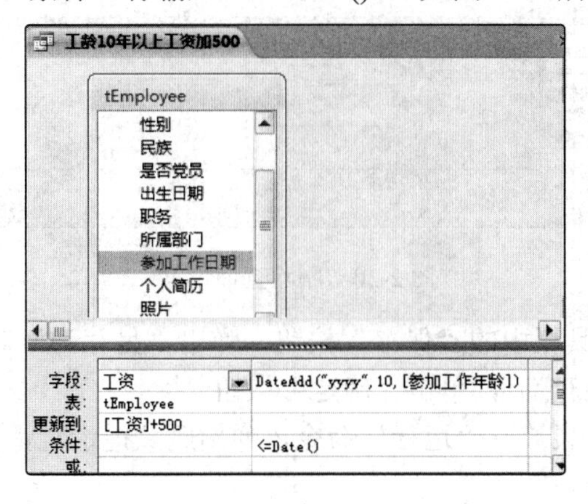

图 2-28　更新查询设置

3）单击快速访问工具栏中的“保存”按钮，弹出“另存为”对话框，在“查询名称”文本框中输入“工龄10年以上工资加500”，单击“确定”按钮。

4）单击“设计”（结果）→“运行”命令，弹出更新提示对话框，如图2-29所示，单击“是”按钮。

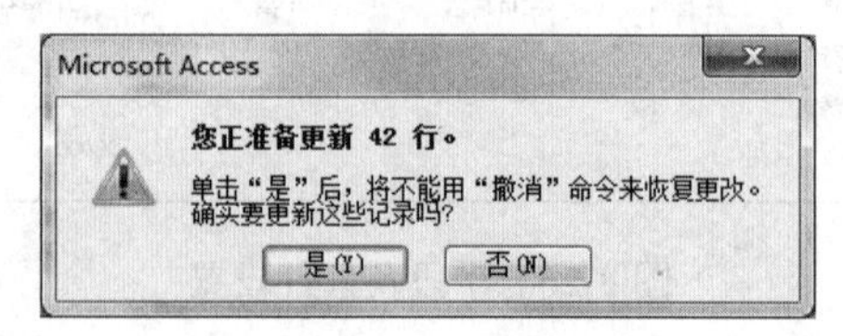

图2-29 更新提示对话框

实验任务3 创建一个查询，删除表对象“2000年后工作的人员”中所有姓“王”的人员记录，所建查询命名为“删除王姓查询”。

【操作步骤】

1）打开查询设计器（步骤略），将表“2000年后工作的人员”添加到设计器中。

2）选择“设计”（查询类型）→“删除”命令，将“姓名”字段添加到“字段”行，在其“条件”行中输入“Like "王*"”，如图2-30所示。

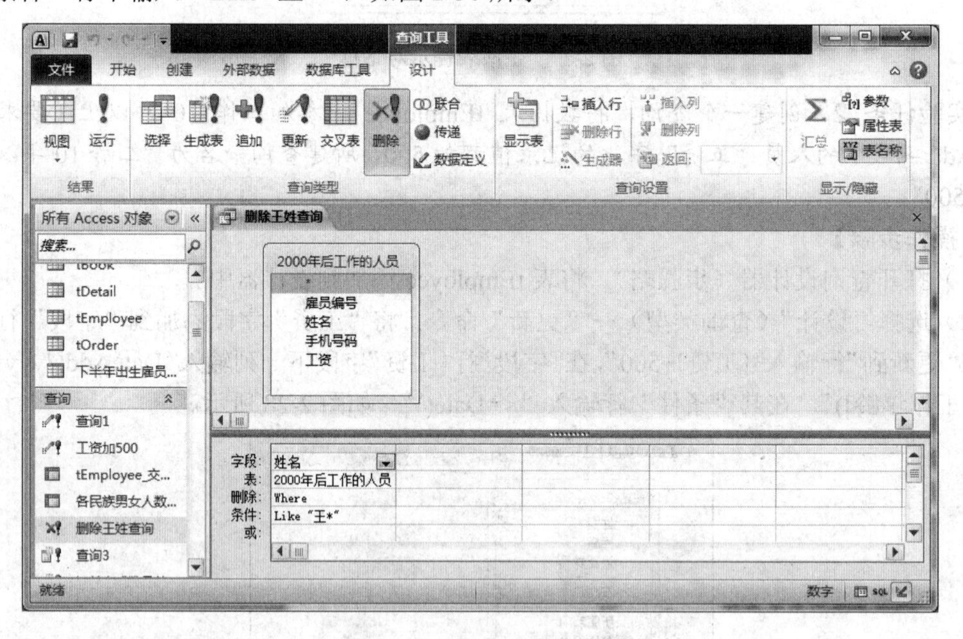

图2-30 删除查询设置

3）单击快速访问工具栏中的“保存”按钮，弹出“另存为”对话框，在“查询名称”文本框中输入“删除王姓查询”，单击“确定”按钮。

4）单击“设计”（结果）→“运行”命令，弹出删除提示对话框，如图2-31所示，单击“是”按钮。

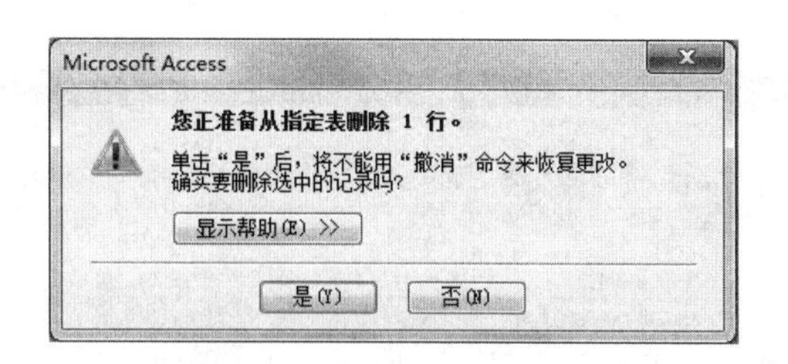

图 2-31　删除提示对话框

实验任务 4　在"图书订单管理"数据库中，复制 tEmployee 表并命名为"下半年出生雇员信息表"，创建一个追加查询，将 tEmployee 中下半年出生的雇员信息追加到"下半年出生雇员信息表"中，所建查询命名为"下半年出生雇员信息查询"。

【操作步骤】

1）在"图书订单管理"数据库窗口中，在"表"对象中选中 tEmployee 表，选择"开始"（剪贴板）→"复制"命令，再选择"剪贴板"→"粘贴"命令，弹出"粘贴表方式"对话框，在"表名称"文本框中输入"下半年出生雇员信息表"，在"粘贴选项"选项组中选中"仅结构"单选按钮，如图 2-32 所示。单击"确定"按钮。

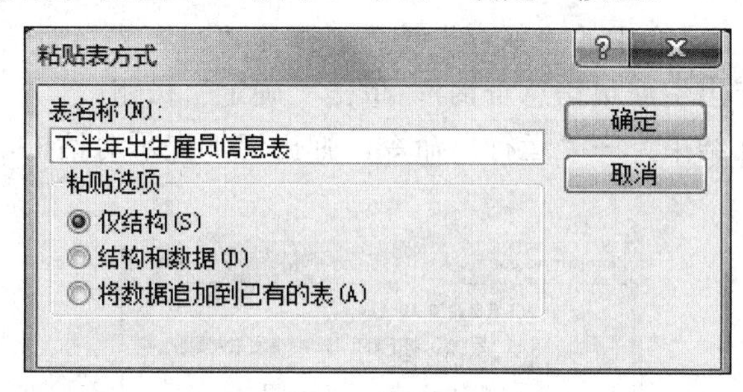

图 2-32 "粘贴表方式"对话框

2）打开查询设计器（步骤略），将表 tEmployee 添加到设计器中。

3）选择"设计"（查询类型）→"追加"命令，弹出"追加"对话框，在"表名称"下拉列表框中选择"下半年出生雇员信息表"，如图 2-33 所示。单击"确定"按钮。

图 2-33 "追加"对话框

4）在"字段"行第一列选择"tEmployee.*"，在第二列输入"Month([出生日期])"，并在其"条件"行输入">6"，如图 2-34 所示。

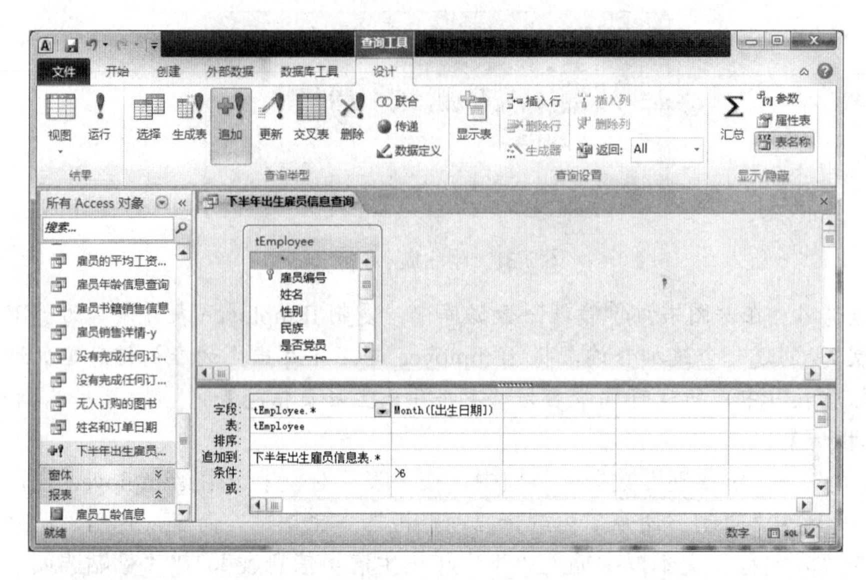

图 2-34　追加查询设置

5）单击快速访问工具栏中的“保存”按钮，弹出“另存为”对话框，在“查询名称”文本框中输入“下半年出生雇员信息查询”，单击“确定”按钮。

6）单击“设计”（结果）→“运行”命令，弹出追加提示对话框，如图 2-35 所示，单击“是”按钮。

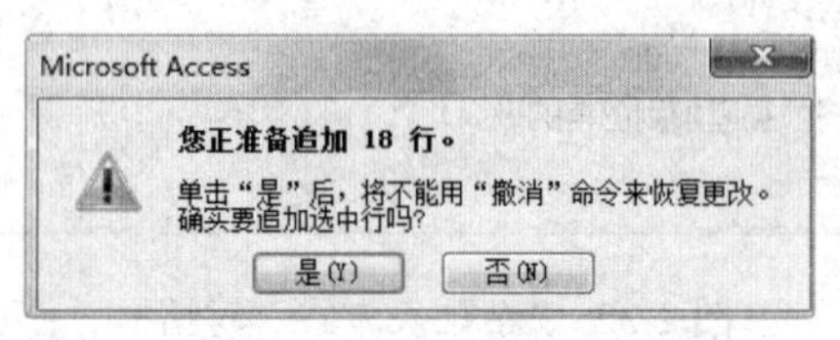

图 2-35　追加提示对话框

课外练习题　利用生成表查询，创建表“订单完成数量前 3 名人员”，包括“雇员编号”、“姓名”和“工资”三个字段内容，所建查询命名为“订单完成数量前 3 名人员查询”。

实验 5　SQL 查询与嵌套查询

一、实验目的

学习 SQL 语句的简单使用。

二、实验任务及步骤

实验任务 1　创建一个 SQL 查询，查询 tEmployee 表中的平均工资信息，输出字段名称为“平均工资”，所建查询命名为“雇员的平均工资查询”。

【操作步骤】

1）在“图书订单管理”数据库窗口中，选择“创建”（查询）→“查询设计”命令，弹出“显示表”对话框，直接关闭“显示表”对话框。

2）选择“设计”（结果）→“SQL视图”命令，进入SQL视图，在编辑窗口中输入“SELECT Avg([工资]) AS 平均工资 FROM tEmployee;”，如图2-36所示。

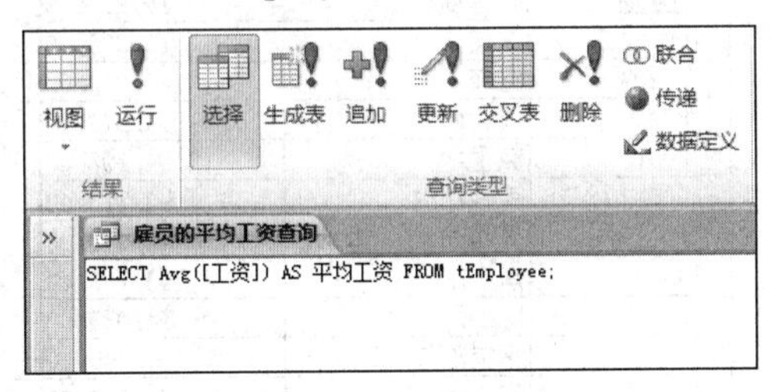

图2-36　SQL编辑内容

3）单击快速访问工具栏中的“保存”按钮，弹出“另存为”对话框，在“查询名称”文本框中输入“雇员的平均工资查询”，单击“确定”按钮。

4）单击“设计”（结果）→“运行”命令，查询结果如图2-37所示。

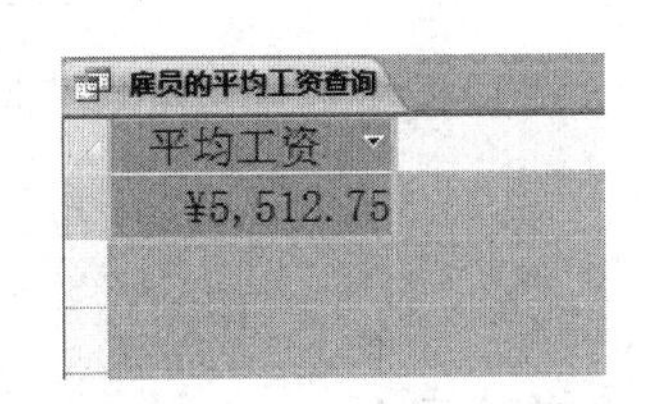

图2-37　雇员的平均工资查询结果

实验任务2　创建一个查询，查询tEmployee表中工资低于平均工资的雇员，显示“雇员编号”、“姓名”和“工资”三个字段内容，所建查询命名为“低于平均工资的雇员查询”。

【操作步骤】

1）打开查询设计器（步骤略），将表tEmployee添加到设计器中。

2）将“雇员编号”、“姓名”和“工资”添加到“字段”行，在“工资”字段的“条件”行中输入“<(SELECT avg([工资]) FROM tEmployee)”，如图2-38所示。

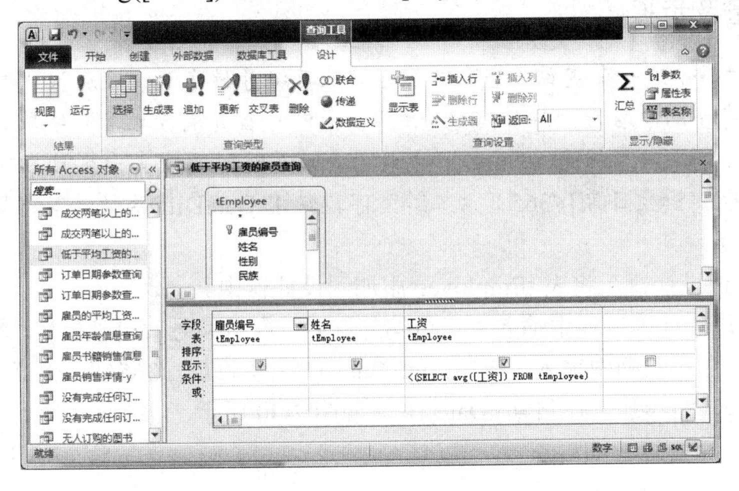

图2-38　“低于平均工资的雇员查询”设计视图

3）单击快速访问工具栏中的“保存”按钮，弹出“另存为”对话框，在“查询名称”文本框中输入“低于平均工资的雇员查询”，单击“确定”按钮。

4）单击“设计”（结果）→“运行”命令，查询结果如图 2-39 所示。

低于平均工资的雇员查询

雇员编号	姓名	工资
00003	靳晋复	¥4,858.00
00004	沈核	¥5,333.00
00007	王菲	¥5,333.00
00009	李大德	¥4,973.00
00011	克里木	¥4,198.40
00012	索朗江村	¥3,713.40
00018	马旭光	¥4,973.00
00020	李小东	¥3,713.40
00023	陈小丹	¥4,973.00
00027	平措次仁	¥5,405.00
00029	李建华	¥4,858.00
00030	林泰	¥5,405.00
00034	陈江川	¥4,973.00
00035	张进明	¥5,333.00
00039	李仪	¥4,198.40
00040	林海为	¥3,220.00
00041	卓玛	¥4,973.00
00042	王乐	¥3,220.00

图 2-39　低于平均工资的雇员查询结果

实验 6　查询中的计算

一、实验目的

1）学习查询中的计算字段的使用。

2）学习查询中汇总计算的方法。

二、实验任务及步骤

实验任务 1　创建一个查询，查找并显示“雇员编号姓名”、“性别”、“年龄”和“工龄”字段内容，所建查询命名为“雇员信息查询”（其中“雇员编号姓名”字段为“雇员编号”和“姓名”两个字段内容相连，“年龄”字段为当前系统时间减去出生日期除以 365 后取整显示：Int((Date()-[出生日期])/365)，“工龄”字段使用 DateDiff 函数计算得到）。

【操作步骤】

1）打开查询设计器，将表 tEmployee 添加到设计器中。

2）在“字段”行第一列中输入“雇员编号姓名: [雇员编号] & [姓名]”，将“性别”字段添加到第二列，在第三列中输入“年龄: Int((Date()-[出生日期])/365)”，在第四列中输入“工龄: DateDiff(“yyyy”,[参加工作日期],Date())”，如图 2-40 所示。

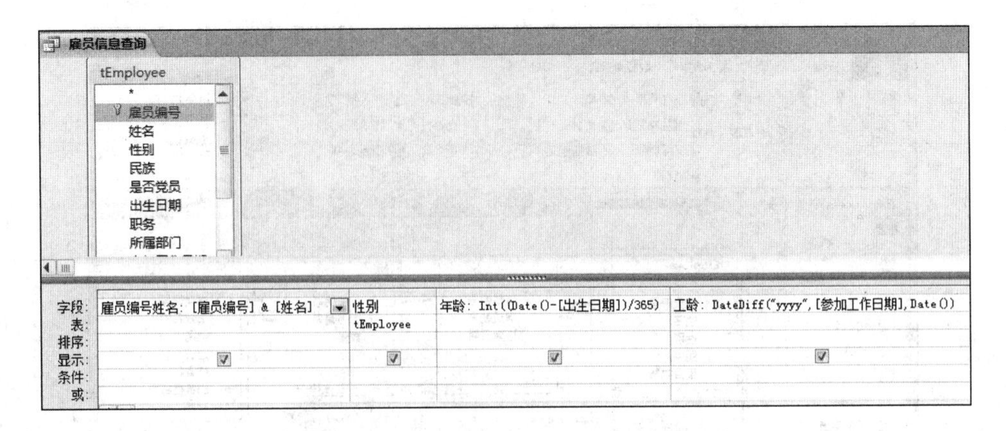

图 2-40 “雇员信息查询”设计视图

3）保存该查询，查询名称为“雇员信息查询”。

4）运行该查询，查询结果如图 2-41 所示。

雇员信息查询

雇员编号姓名	性别	年龄	工龄
00001古丽莎	女	46	25
00002魏光符	男	43	20
00003靳晋复	男	36	14
00004沈核	女	27	7
00005小买卖提	男	33	11
00006娜仁	女	48	29
00007王菲	男	42	20
00008阿依古丽	女	43	23
00009李大德	男	46	27
00010王娅	男	53	31

图 2-41 “雇员信息查询”部分查询结果

实验任务 2　创建查询，计算 2015 年每名雇员成交订单的销售数量和销售额，显示内容为“姓名”、“销售数量”和“销售额”三列，并按“销售额”升序排序，其中“销售额”通过计算得到，所建查询命名为“2015 年雇员销售统计”（此任务的数据源是 tEmpolyee 表、tOrder 表、tDetail 表和 tBook 表）。

【操作步骤】

1）打开查询设计器，将表 tEmployee、tOrder、tDetail 和 tBook 添加到设计器中。

2）选择“设计”（显示/隐藏）→“汇总”命令，在“字段”行第一列选择“姓名”；在第二列输入“销售数量: 数量”，在其“总计”行选择“合计”；在第三列输入“销售额: Sum([数量]*[定价])”，在其“总计”行选择“Expression”，在其“排序”行选择“升序”；在第四列输入“Year([订单日期])”，在其“总计”行选择“Where”，在其“条件”行输入“2015”，如图 2-42 所示。

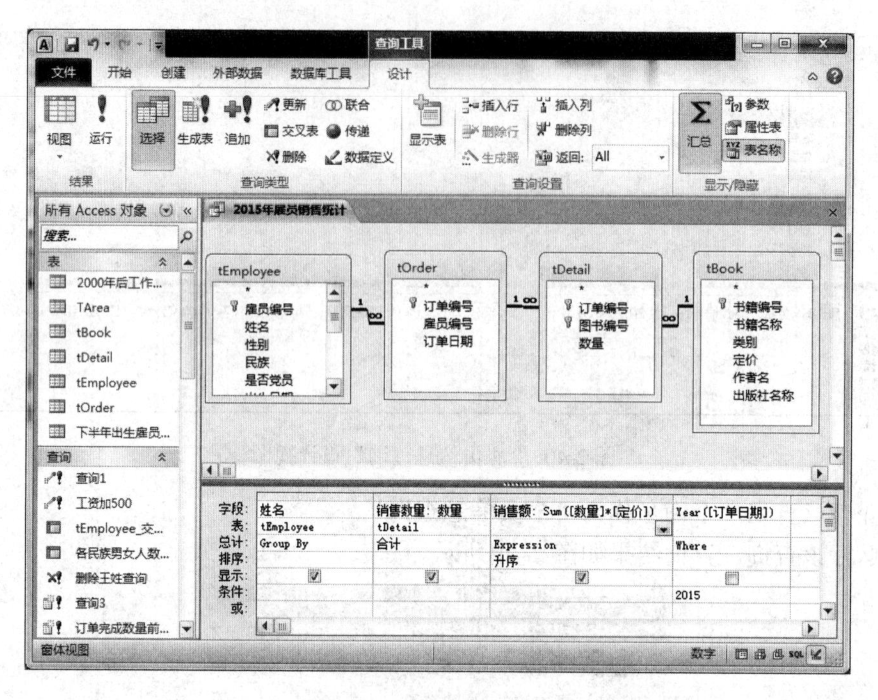

图 2-42 “2015 年雇员销售统计”设计视图

3）单击快速访问工具栏中的“保存”按钮，弹出“另存为”对话框，在“查询名称”文本框中输入“2015 年雇员销售统计”，单击“确定”按钮。

4）单击“设计”（结果）→“运行”命令，查询结果如图 2-43 所示。

2015年雇员销售统计

姓名	销售数量	销售额
林海为	8	172
魏光符	18	234
靳晋复	63	1323
王乐	77	1487
娜仁	78	1856
小买卖提	202	2498
古丽莎	300	5200
阿依古丽	291	6186

图 2-43 “2015 年雇员销售统计”查询结果

第3章 窗　体

窗体是实现人机交互的窗口。可以通过窗体显示数据，也可以通过窗体接受用户的操作和数据录入。

实验1　使用“窗体”命令创建窗体

一、实验目的

学习窗体布局视图的使用。

二、实验内容及步骤

实验任务　以表 tBook 为数据源，利用“窗体”命令创建名为“书籍信息一览表”的窗体。

【操作步骤】

1）打开“图书订单管理”数据库，在导航窗格中选择 tBook 表，选择“创建”（窗体）→“窗体”命令，进入窗体布局视图，其中与书籍相关的订单详情显示在子窗体中，如图 3-1 所示。

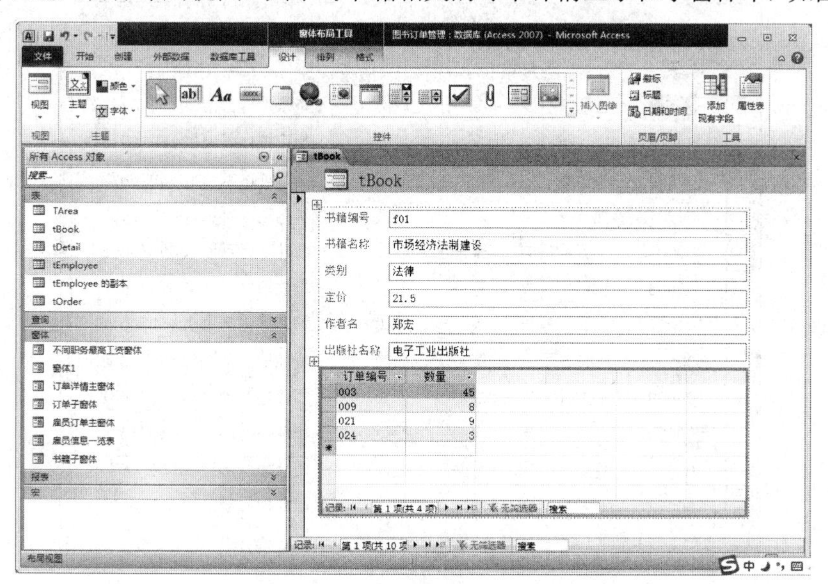

图 3-1　tBook 窗体布局视图

2）单击窗体中每个文本框的右边界，拖动调整至合适宽度。

3）添加徽标。选择“设计”（页眉/页脚）→“徽标”命令，弹出“插入图片”对话框，选择图片文件，单击“确定”按钮，窗体页眉处即出现该图片。

4）添加标题。选择“设计”（页眉/页脚）→“标题”命令，输入“书籍信息一览表”。

5）单击快速访问工具栏中的“保存”按钮，弹出“另存为”对话框，输入窗体名称“书籍信息一览表”，单击“确定”按钮。

实验 2　使用窗体设计器

一、实验目的

1）学习设置窗体及常用控件属性。

2）学习使用计算控件。

3）学习在查询中引用窗体控件值的方法。

二、实验内容及步骤

实验任务 1　用设计视图创建一个不能编辑的窗体，窗体的标题为“雇员信息浏览”，窗体中有一个名称为“所属部门”的文本框控件，设置其相应属性，使其根据雇员的“部门编号”显示 tArea 表中对应的部门名称（使用 Dlookup 函数，主要用于检索来自外部表特定字段中的数据）。所建窗体命名为“雇员信息一览窗体”，窗体效果如图 3-2 所示。

雇员信息浏览

雇员信息一览窗体

雇员编号	姓名	性别	民族	职务	部门	手机号码
00001	古丽莎	女	维吾尔	职员	华东地区部	13965976546
00002	魏光符	男	汉	班长	华中地区部	13765976548
00003	靳晋复	男	汉	职员	华东地区部	13365976672
00004	沈核	女	汉	职员	华南地区部	13665976455
00005	小买卖	男	维吾尔	职员	西北地区部	13865976678
00006	娜仁	女	蒙古	经理	华北地区部	13165976685
00007	王菲	男	汉	职员	华北地区部	13965976545
00008	阿依古丽	女	维吾尔	职员	华北地区部	13165976450
00009	李大德	男	汉	职员	西南地区部	13165976681
00010	王娅	男	汉	职员	华北地区部	13865976674
00011	克里木	男	维吾尔	经理	西北地区部	13365976670
00012	索朗江村	女	藏	职员	西北地区部	13165976686

记录: 第 1 项(共 42 项　未筛选　搜索

图 3-2　雇员信息一览窗体

【操作步骤】

1）打开“图书订单管理”数据库，选择“创建”（窗体）→“窗体设计”命令，进入窗体设计视图。

2）向窗体添加控件。选择“设计”（工具）→“添加现有字段”命令，弹出“字段列表”窗格，单击“显示所有表”链接，单击 tEmployee 表的加号展开其所有字段，双击“雇员编号”、“姓名”、“性别”、“民族”、“职务”、“所属部门”和“手机号码”字段，将这些字段添加到窗体中，如图 3-3 所示。

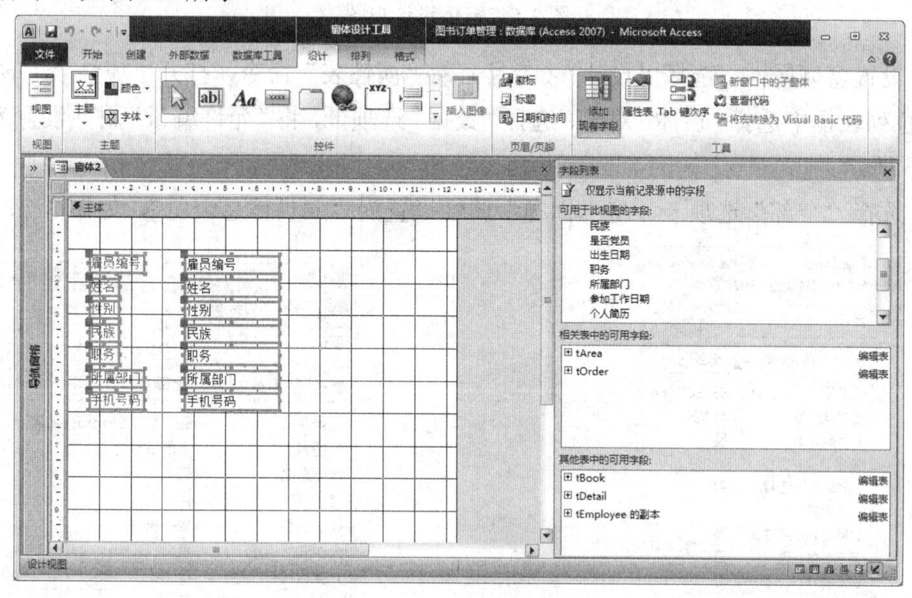

图 3-3　窗体设计视图之一

3）按 Ctrl+A 组合键选择所有控件，选择“排列”（表）→“表格”命令，将控件布局调整为表格式。这时窗体页眉和窗体页脚节会显示出来，所有文本框控件的伴随标签控件被调整到窗体页眉节中，如图 3-4 所示。

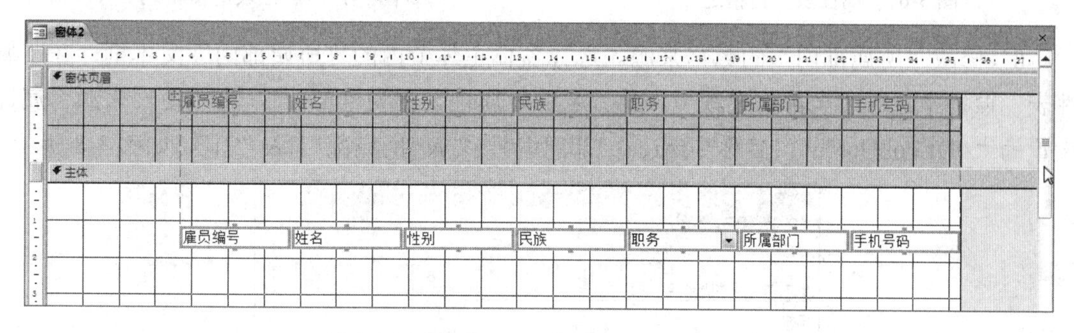

图 3-4　窗体设计视图之二

4）选择“排列”（表）→“删除布局”命令，删除布局。

5）在窗体页眉节拖动鼠标，选中所有标签控件，拖动到窗体页眉节下方。同样，选中主体节中所有文本框控件，拖动到窗体主体节上方，并通过拖动窗体页脚节调整主体节的高度至合适大小，如图 3-5 所示。

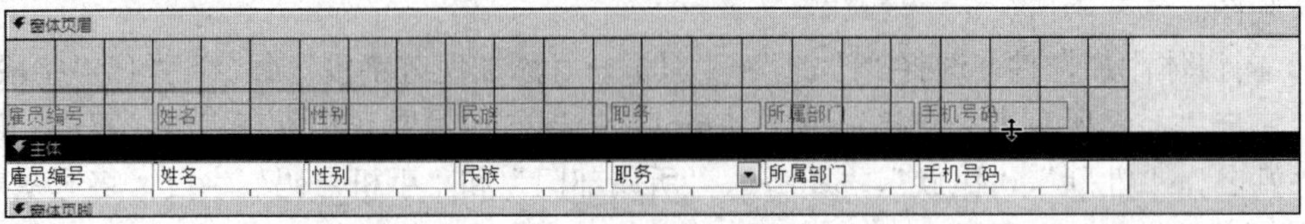

图 3-5　窗体设计视图

6）设置窗体属性。选择“设计”（工具）→“属性表”命令，打开“属性表”窗格，在对象下拉列表框中选择“窗体”对象，选择“数据”选项卡，将“允许编辑”属性设置为“否”，如图 3-6 所示。

7）选择“全部”选项卡，将“标题”属性设置为“雇员信息浏览”，如图 3-7 所示。

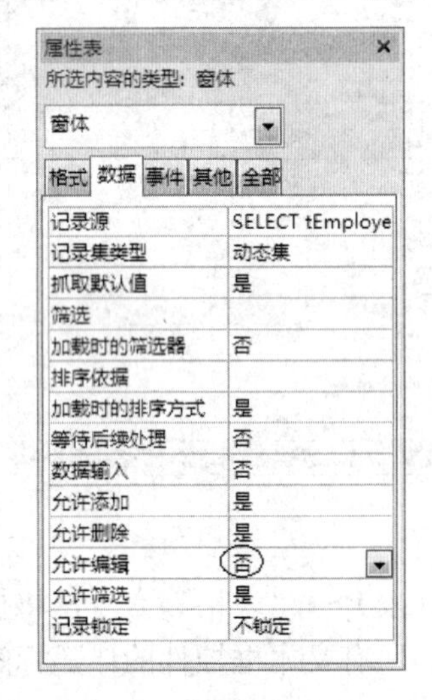

图 3-6 “属性表”窗格之一

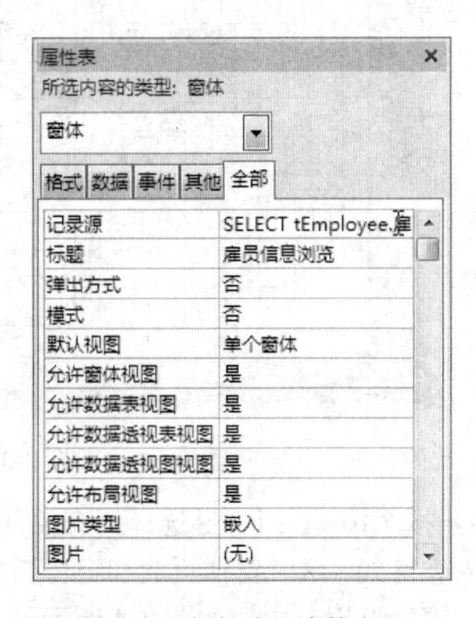

图 3-7 “属性表”窗格之二

8）修改“所属部门”的数据来源。选择窗体主体节内的“所属部门”文本框，在“属性表”窗格中选择“全部”选项卡，将“名称”属性设置为“部门”，将“控件来源”属性设置为“=DLookUp("部门名称","tArea","部门编号='" & [所属部门] & "'")”，如图 3-8 所示。

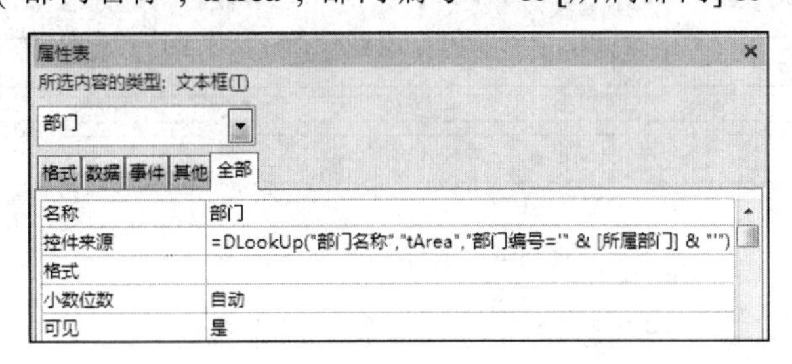

图 3-8 “属性表”窗格之三

9）选择窗体页眉节内的“所属部门”标签，在“属性表”窗格中将“标题”属性设置为“部门”，如图 3-9 所示。

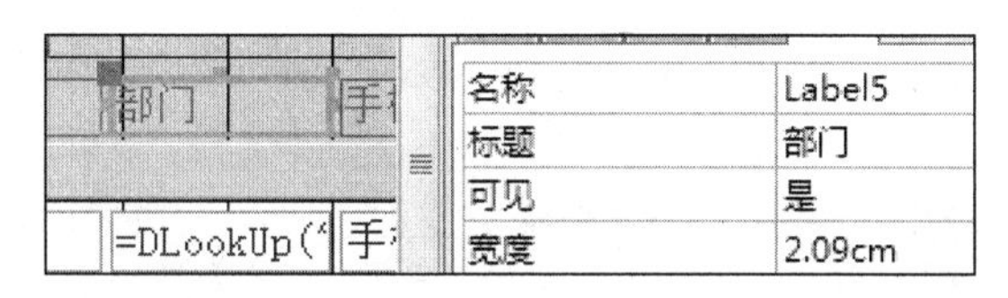

图 3-9 “属性表”窗格之四

10）在窗体页眉节添加一个标签控件。选择“设计”（控件）→“标签”命令，然后在窗体页眉节按住鼠标左键拖动画出一个矩形，输入标题“雇员信息一览窗体”，单击窗体空白处确认输入，然后选中标签控件，选择“属性表”窗格的“全部”选项卡，将“名称”属性设置为“bTitle”，设置“字号”属性为 20，设置“字体粗细”属性为“加粗”，如图 3-10 所示。

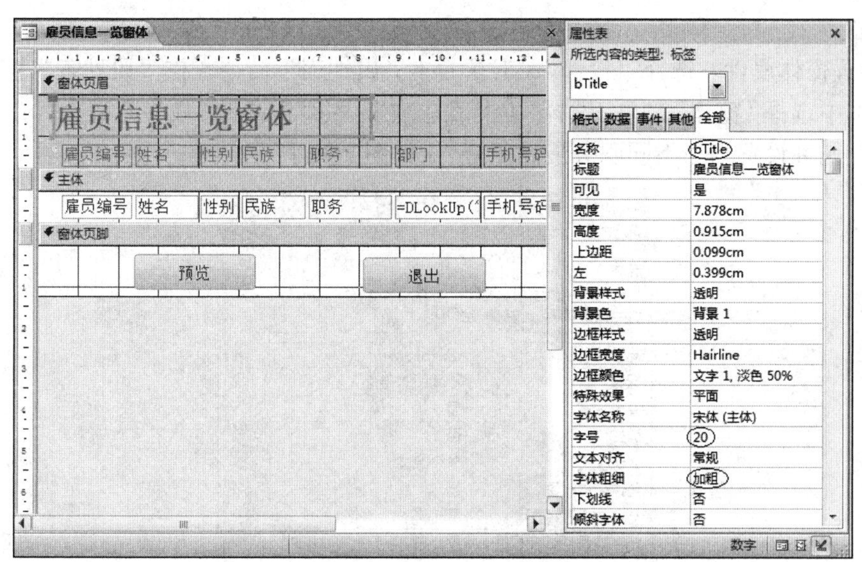

图 3-10 “属性表”窗格之五

11）单击快速访问工具栏中的“保存”按钮，弹出“另存为”对话框，输入窗体名称“雇员信息一览窗体”，单击“确定”按钮。

实验任务 2　用设计视图创建一个窗体，将窗体的标题设置为“不同职务最高工资”，向窗体中添加一个名称为“职务类别”的组合框控件，设置其相应属性，使其中显示“经理”、“职员”和“班长”，用户在组合框中选择不同的职务，“最高工资”文本框中显示对应职务的最高工资（使用 DMax 函数），并设置窗体中控件的 Tab 键次序为“职务类别”→“最高工资”，所建窗体命名为“不同职务最高工资”，如图 3-11 所示。

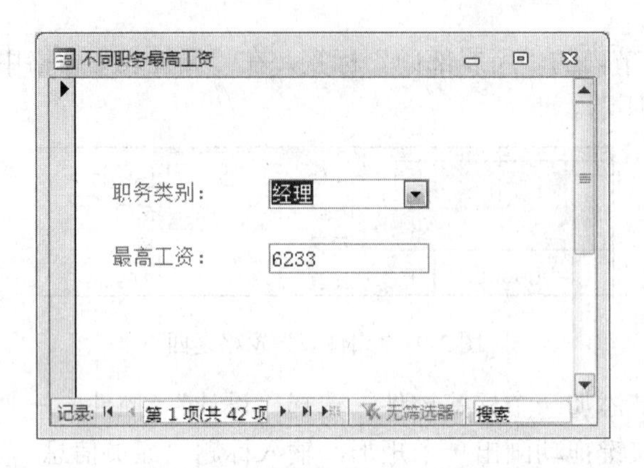

图 3-11 “不同职务最高工资”窗体

【操作步骤】

1）打开“图书订单管理”数据库，选择“创建”（窗体）→“窗体设计”命令，进入窗体设计视图。

2）设置窗体属性。选择“设计”（工具）→“属性表”命令，在“属性表”窗格的对象下拉列表框中选择“窗体”对象，选择“全部”选项卡，将“记录源”属性设置为“tEmployee”，将“标题”属性设置为“不同职务最高工资”，如图 3-12 所示。

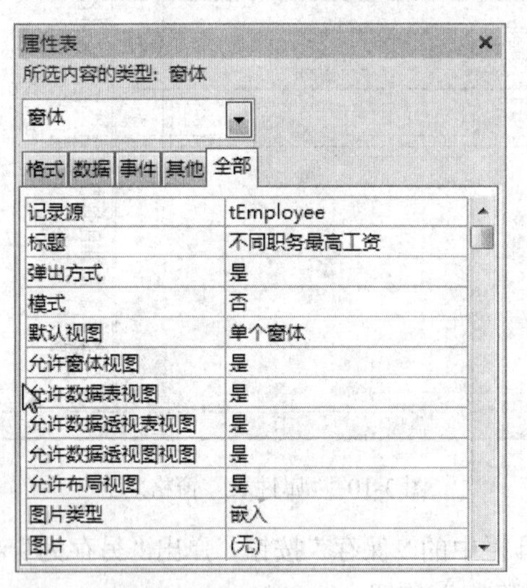

图 3-12 “不同职务最高工资”窗体属性

3）向窗体添加文本框控件。选择“设计”（控件）→“文本框”命令，在窗体空白处单击，在弹出的对话框中单击“取消”按钮，在“属性表”窗格中选择“全部”选项卡，将“名称”属性设置为“最高工资”，将“控件来源”属性设置为“=DMax("工资","tEmployee","职务='" & [职务类别] & "'")”，如图 3-13 所示。

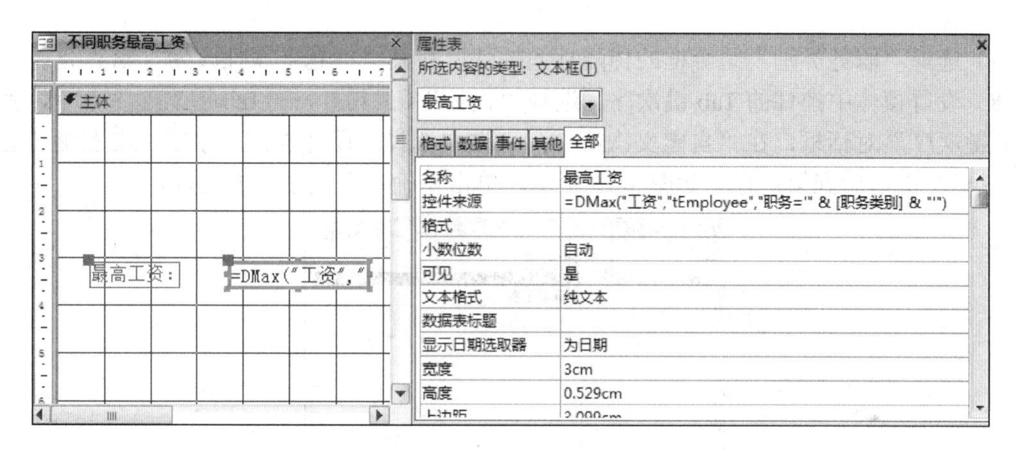

图 3-13　设置文本框控件属性

4）选择“最高工资”文本框的伴随标签控件，将其“标题”属性改为“最高工资:”。

5）向窗体添加组合框控件。选择“设计”（控件）→“组合框”命令，在窗体空白处单击，在弹出的对话框中单击“取消”按钮，在“属性表”窗格中选择“全部”选项卡，设置“名称”属性为“职务类别”，如图 3-14 所示。

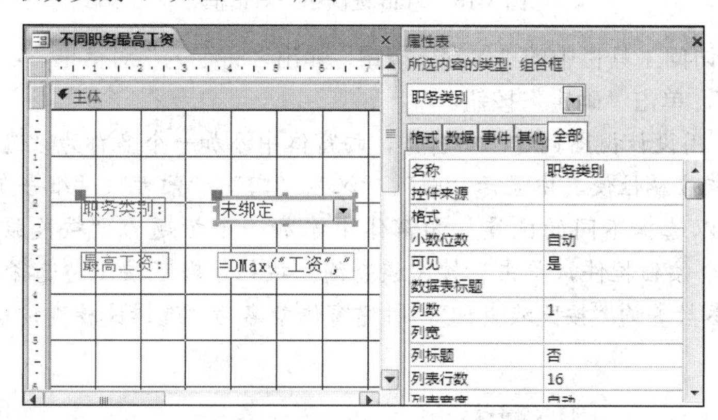

图 3-14　设置组合框控件属性之一

6）在“属性表”窗格中选择“数据”选项卡，将“行来源类型”属性设置为“值列表”，将“行来源”属性设置为“经理;职员;班长”，将“控件来源”属性清空，如图 3-15 所示。

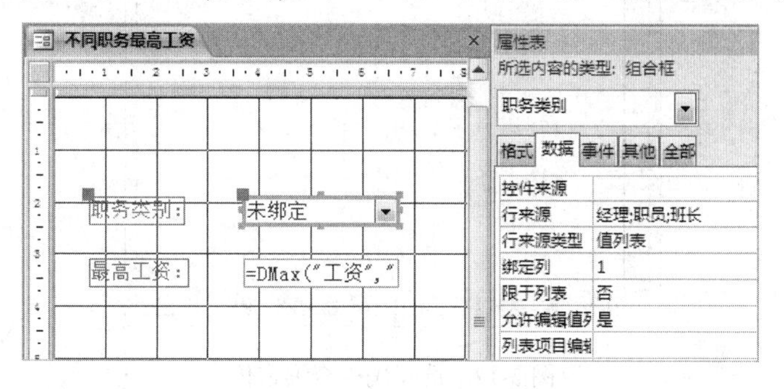

图 3-15　设置组合框控件属性之二

7）选择“职务类别”组合框的伴随标签控件，将其“标题”属性改为“职务类别:”。

8）设置窗体中控件的 Tab 键次序。选择“设计”（工具）→“Tab 键次序”命令，弹出“Tab 键次序”对话框，在“自定义次序”列表框中选择“职务类别”字段，在左侧状态列按住鼠标左键拖动到第一行，如图 3-16 所示。单击“确定”按钮完成设置。

图 3-16 “Tab 键次序”对话框

9）单击快速访问工具栏中的“保存”按钮，弹出“另存为”对话框，输入窗体名称“不同职务最高工资”，单击“确定”按钮。

实验任务 3 用设计视图创建一个窗体，向窗体中添加一个名称为“选择民族”的组合框控件，设置其相应属性使其中显示“藏”、“汉”、“回”、“蒙古”、“维吾尔”和“壮”，用户单击组合框可以选择不同的民族。向窗体中添加一个标题为“按民族查询”（名称为 cmdQuery）的命令按钮控件，单击“按民族查询”按钮，即可按照“选择民族”组合框控件中的民族运行参数查询“按民族查询”，所建窗体命名为“选择民族查询窗体”，如图 3-17 所示。

图 3-17 选择民族查询窗体

【操作步骤】

1）打开“图书订单管理”数据库，选择“创建”（窗体）→“窗体设计”命令，进入窗体设计视图。

2）向窗体添加组合框控件。选择“设计”（控件）→“组合框”命令，在窗体空白处单击，在“组合框向导”对话框中选中“自行键入所需的值”单选按钮，如图 3-18 所示。

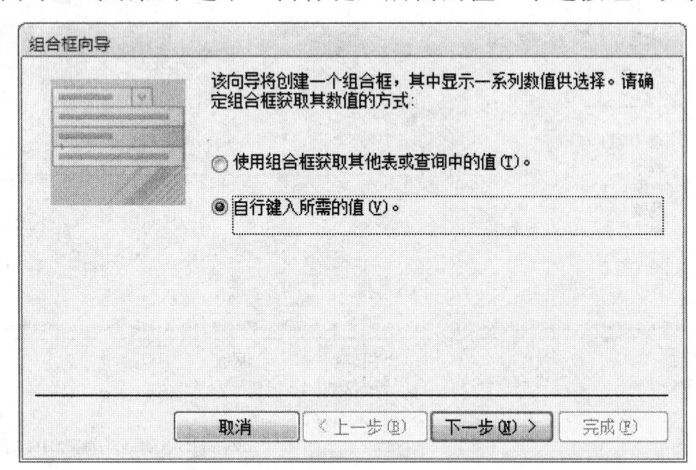

图 3-18 “组合框向导”对话框之一

3）单击“下一步”按钮，在“组合框向导”对话框中输入列表值“藏”、“汉”、“回”、“蒙古”、“维吾尔”和“壮”，如图 3-19 所示。

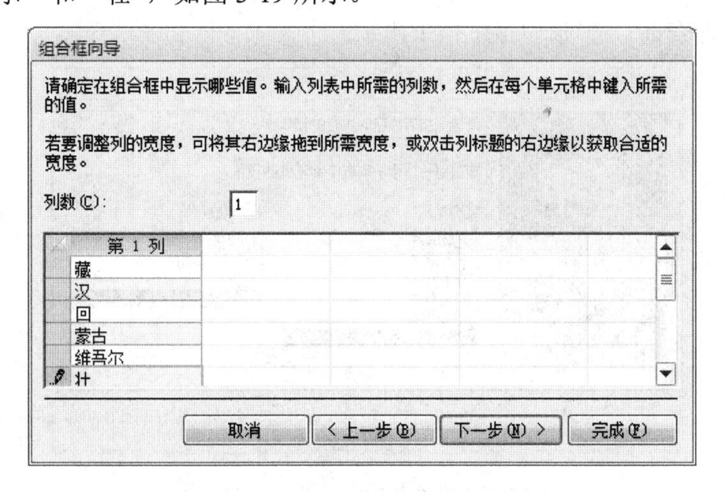

图 3-19 “组合框向导”对话框之二

4）单击“下一步”按钮，在“组合框向导”对话框中输入名称“选择民族”，然后单击“完成”按钮。

5）单击快速访问工具栏中的“保存”按钮，弹出“另存为”对话框，输入窗体名称“选择民族查询窗体”，单击“确定”按钮。

6）修改“按民族查询”。在导航窗格中右击“按民族查询”，在弹出的快捷菜单中选择“设计视图”命令，在设计视图中打开该查询。

7）修改“民族”字段列的条件为“[Forms]![选择民族查询窗体]![选择民族]”，如图 3-20 所示。保存该查询。

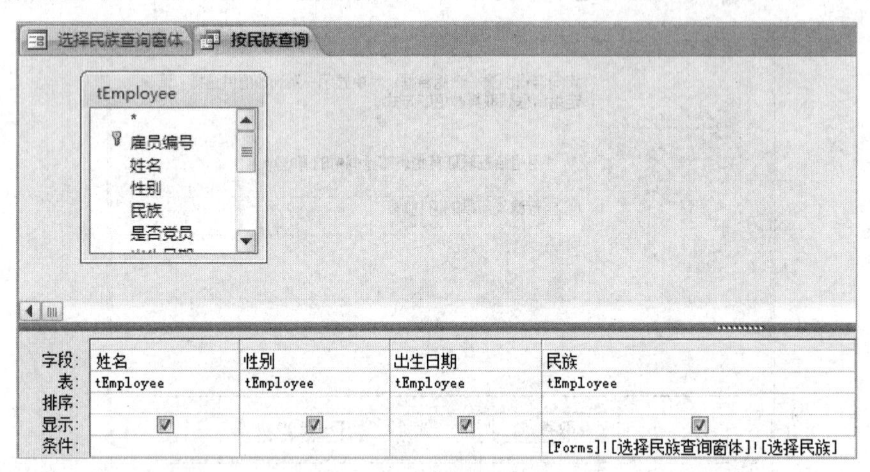

图 3-20 “按民族查询”设计视图

8）向窗体添加命令按钮控件。选择“设计”(控件）→“按钮”命令，在窗体空白处单击，弹出“命令按钮向导”对话框，在“类别”列表框中选择“杂项”选项，在“操作”列表框中选择“运行查询”选项，如图 3-21 所示。

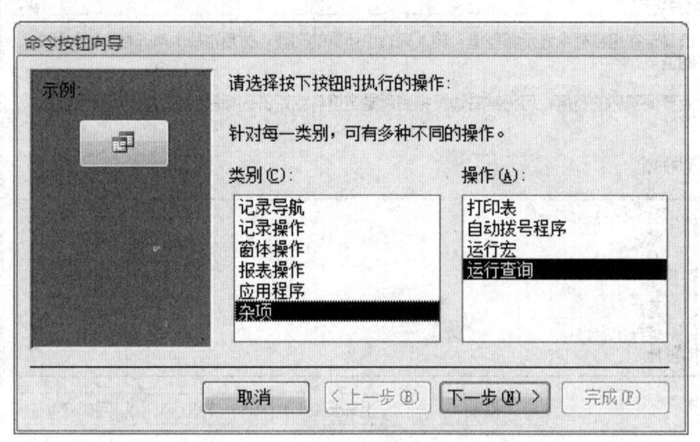

图 3-21 “命令按钮向导”对话框之一

9）单击“下一步”按钮，选择命令按钮要运行的查询为“按民族查询”，如图 3-22 所示。

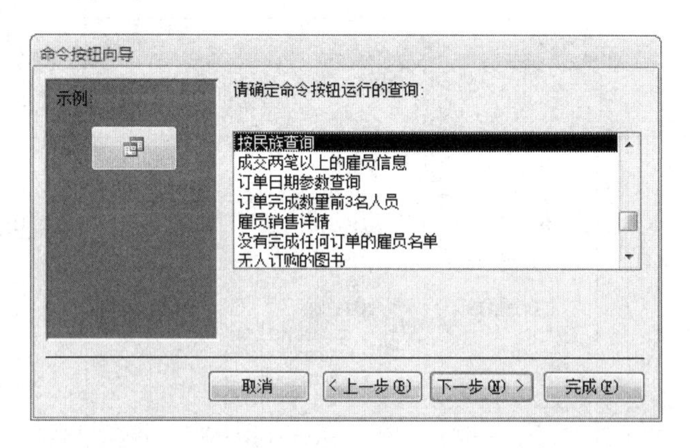

图 3-22 “命令按钮向导”对话框之二

10）单击“下一步”按钮，输入命令按钮显示文本为“按民族查询”，如图 3-23 所示。

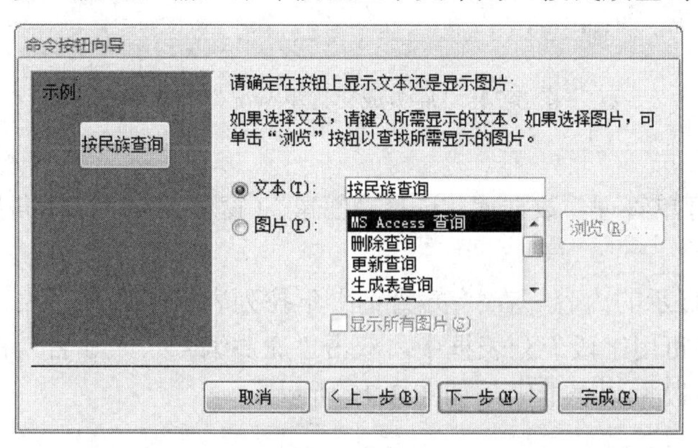

图 3-23 “命令按钮向导”对话框之三

11）单击“下一步”按钮，输入命令按钮名称为“cmdQuery”，单击“完成”按钮。

12）单击快速访问工具栏中的“保存”按钮。至此，“选择民族查询窗体”创建完毕。

实验 3　创建主/子窗体

一、实验目的

1）学习使用向导创建主/子窗体。

2）学习使用设计视图创建主/子窗体。

二、实验内容及步骤

实验任务 1　使用窗体向导创建嵌入式的主/子窗体，以表 tEmployee 和 tOrder 为数据源，主窗体命名为“雇员成交订单情况”，子窗体命名为“订单子窗体”，要求取消“订单子窗体”的记录导航按钮，所建窗体效果如图 3-24 所示。

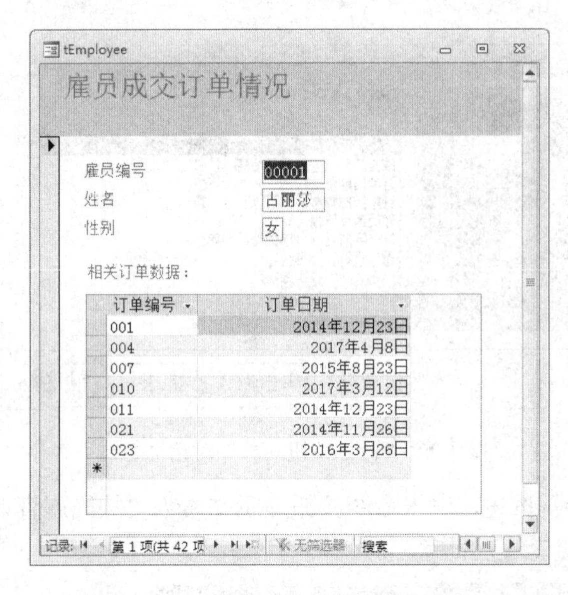

图 3-24 “雇员成交订单情况”窗体

【操作步骤】

1）打开“图书订单管理”数据库，选择“创建”（窗体）→“窗体向导”命令，打开“窗体向导”对话框。

2）确定主窗体显示的内容。在“表/查询”下拉列表框中选择“表：tEmployee”，该表的所有字段显示在“可用字段”列表框中，双击“雇员编号”、“姓名”和“性别”字段，将它们添加到“选定字段”列表框中，如图 3-25 所示。

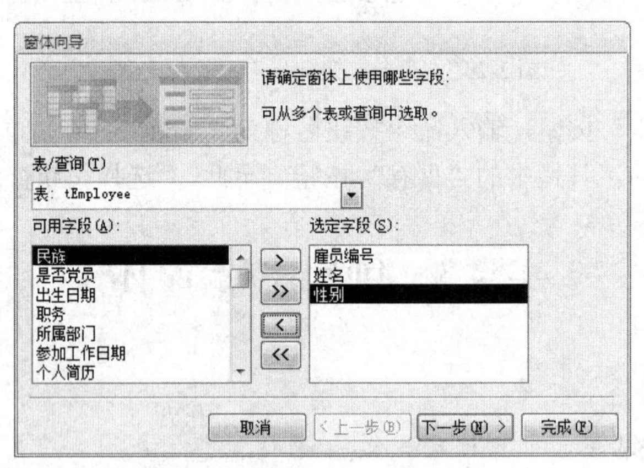

图 3-25 “窗体向导”对话框之一

3）确定子窗体显示的内容。在“表/查询”下拉列表框中选择“表：tOrder”，在“可用字段”列表框中双击“订单编号”和“订单日期”字段，将它们添加到“选定字段”列表框中，如图 3-26 所示。

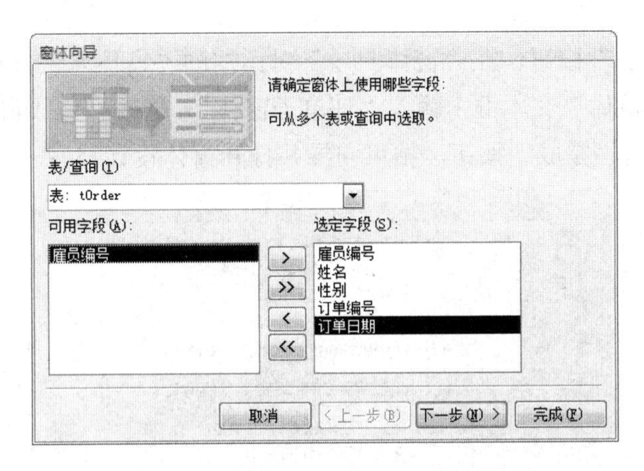

图 3-26　“窗体向导”对话框之二

4）单击“下一步”按钮，在“窗体向导”对话框中选中“带有子窗体的窗体”单选按钮，如图 3-27 所示。

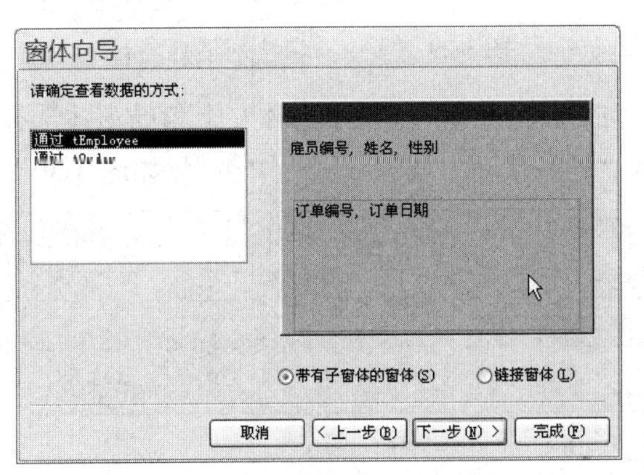

图 3-27　“窗体向导”对话框之三

5）单击“下一步”按钮，在“窗体向导”对话框中选中“数据表”单选按钮，如图 3-28 所示。

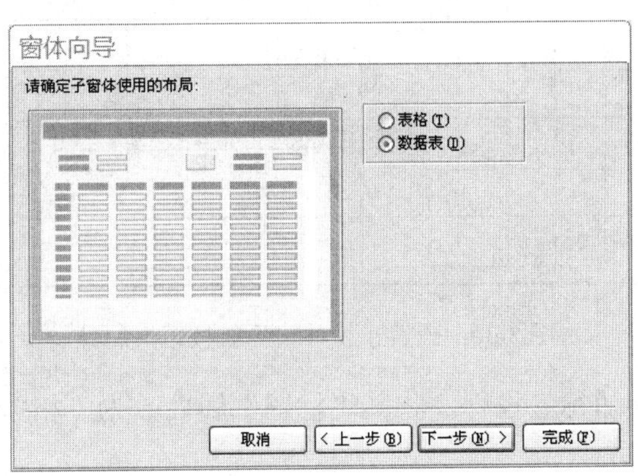

图 3-28　“窗体向导”对话框之四

6）单击“下一步”按钮，在“窗体向导”对话框的“窗体”文本框中输入“雇员成交订单情况”，在“子窗体”文本框中输入“订单子窗体”，选中“修改窗体设计”单选按钮，如图 3-29 所示。单击“完成”按钮，结束向导并打开窗体设计视图。

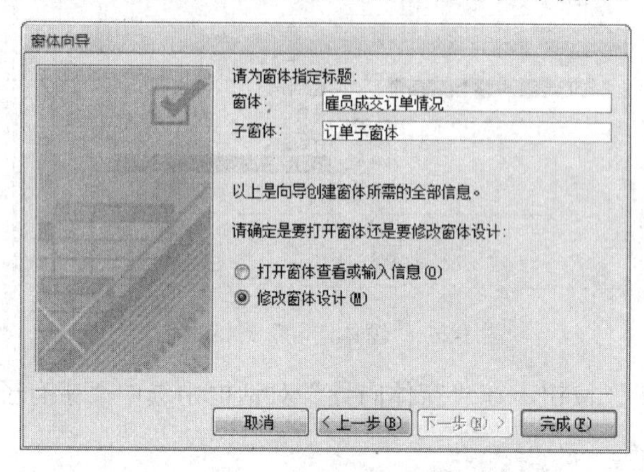

图 3-29 “窗体向导”对话框之五

7）取消订单子窗体的导航按钮。单击子窗体左上角的窗体选择区，在“属性表”窗格的“全部”选项卡中将“导航按钮”属性设置为“否”，如图 3-30 所示。

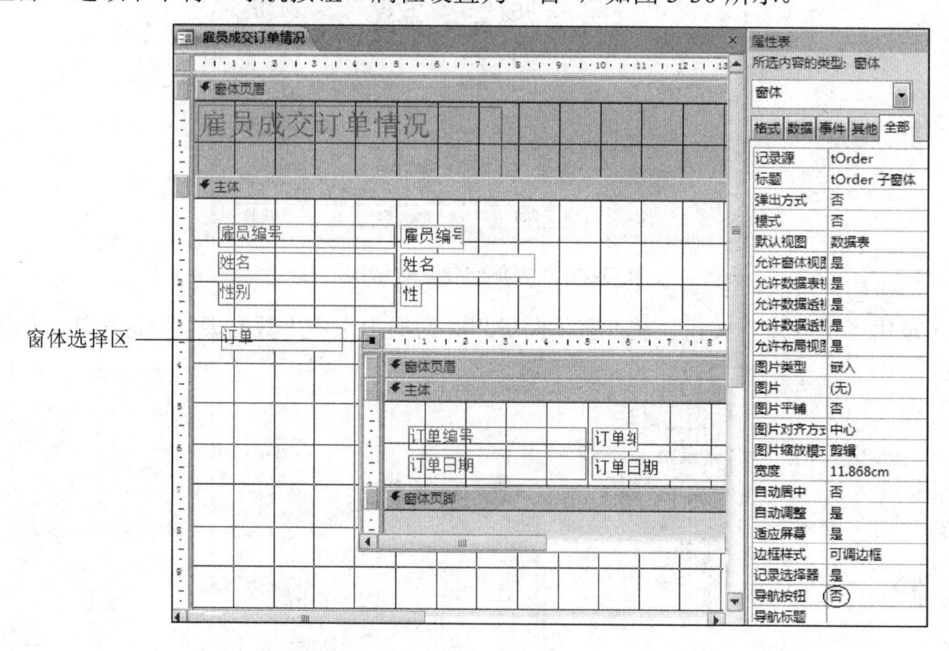

图 3-30 设置子窗体“导航按钮”属性

8）选择子窗体的伴随标签控件，将其“标题”属性改为“相关订单数据:”，如图 3-31 所示。

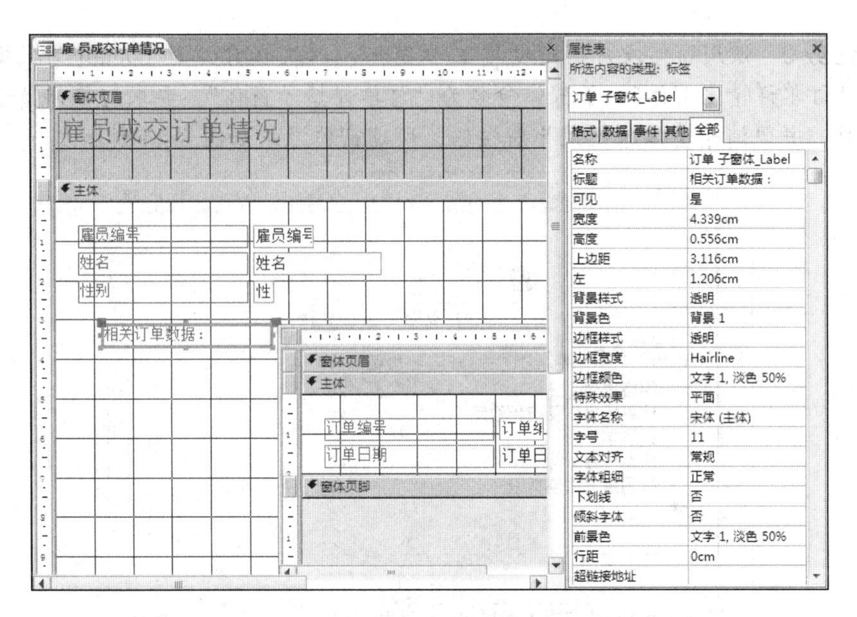

图 3-31 设置子窗体伴随标签控件属性

9）调整子窗体控件位置。选中子窗体控件，单击子窗体控件左上角的标记，按住鼠标左键拖动到左侧其他控件的正下方，如图 3-32 所示。

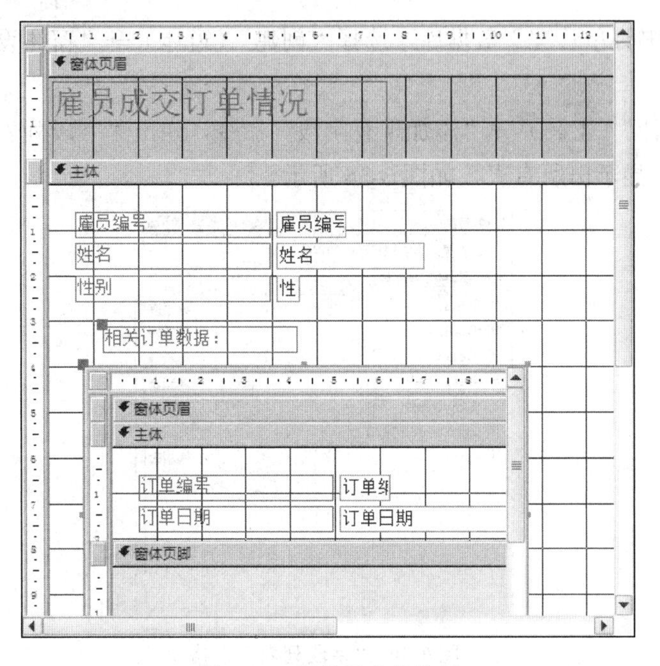

图 3-32 调整子窗体位置

10）单击设计视图右上角的“关闭”按钮，系统弹出对话框询问是否保存修改，单击“是”按钮，保存并关闭窗体。

实验任务 2 使用窗体设计视图创建主/子窗体，以表 tOrder 和 tDetail 为数据源，主窗体命名为“订单详情主窗体”，子窗体命名为“订单详情子窗体”，要求订单详情子窗体中显示图书名称，并取消子窗体的记录导航按钮，所建窗体效果如图 3-33 所示。

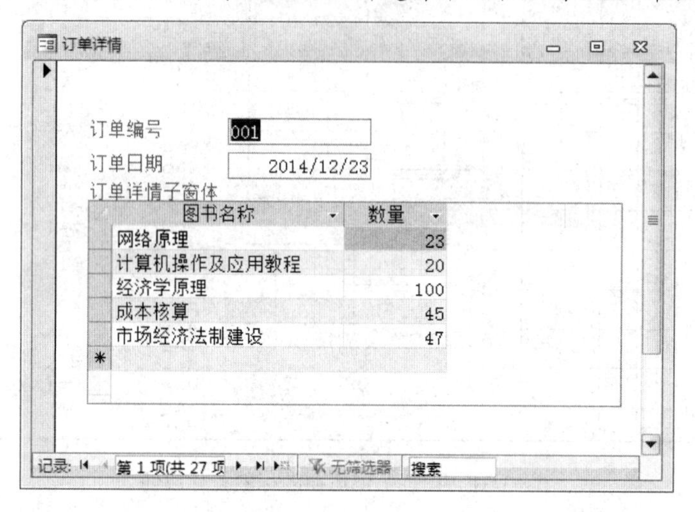

图 3-33 “订单详情”窗体

【操作步骤】

1）打开“图书订单管理”数据库，选择“创建”（窗体）→“窗体设计”命令，打开窗体设计视图。

2）选择“设计”（工具）→“添加现有字段”命令，弹出“字段列表”窗格，单击“显示所有表”链接，显示出所有表，如图 3-34 所示。

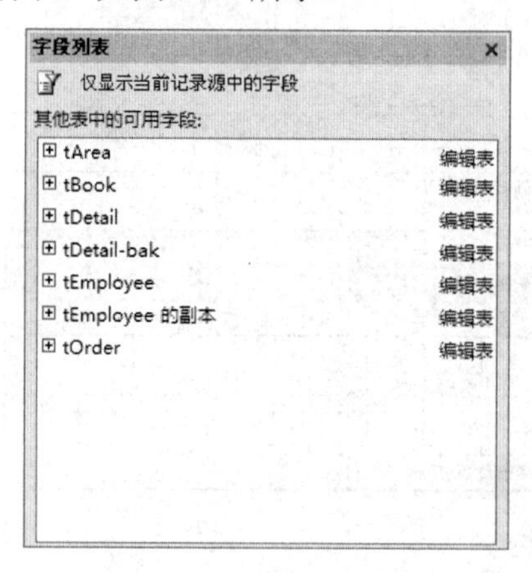

图 3-34 “字段列表”窗格

3）单击表 tOrder 的加号展开其所有字段，双击“订单编号”和“订单日期”字段，将这两个字段添加到窗体中，如图 3-35 所示。

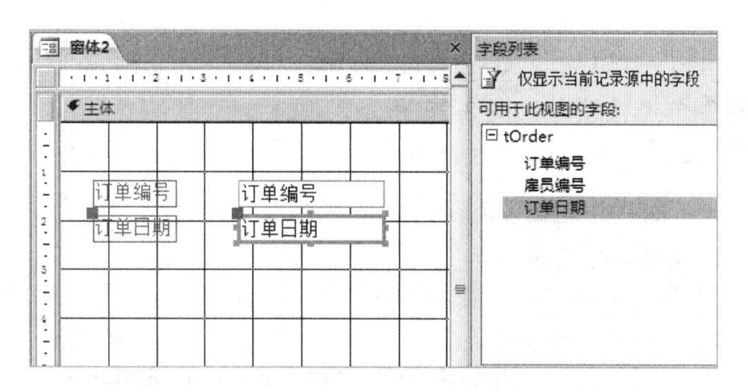

图 3-35　窗体设计视图

4）向窗体添加子窗体控件。选择“设计”（控件）→“子窗体”命令，在窗体空白处单击，弹出“子窗体向导”对话框，如图 3-36 所示。

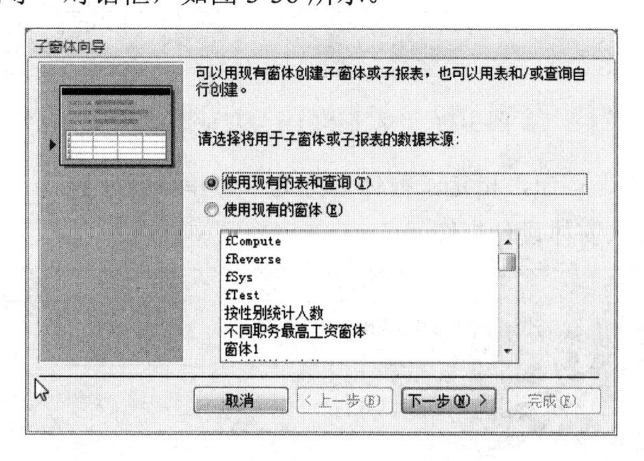

图 3-36　“子窗体向导”对话框之一

5）选中“使用现有的表和查询”单选按钮，单击“下一步”按钮，在“子窗体向导”对话框的“表/查询”下拉列表框中选择“表：tDetail”，在“可用字段”列表框中双击“图书编号”和“数量”字段，将它们添加到“选定字段”列表框中，如图 3-37 所示。

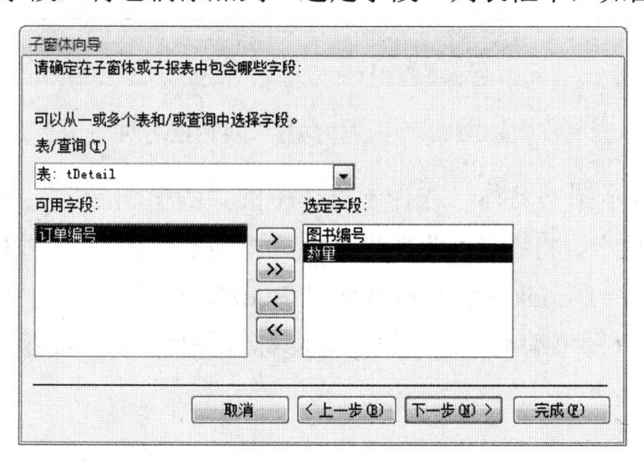

图 3-37　“子窗体向导”对话框之二

6）单击“下一步”按钮，进入“子窗体向导”对话框的主/子窗体的字段来源界面，选中“从列表中选择”单选按钮，如图 3-38 所示。

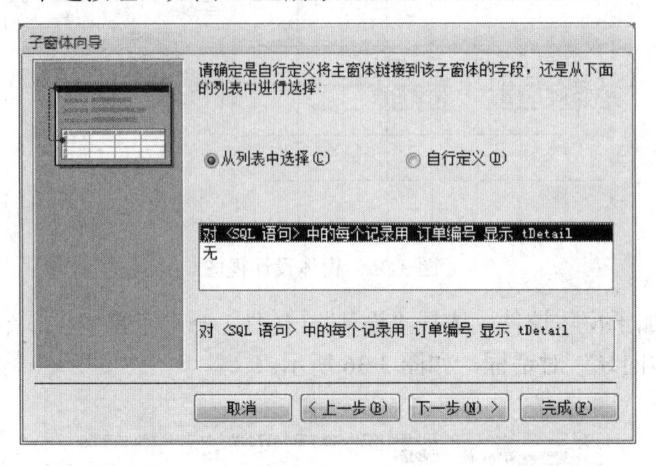

图 3-38 “子窗体向导”对话框之三

7）单击“下一步”按钮，指定子窗体名称为“订单详情子窗体”，如图 3-39 所示。单击“完成”按钮，进入窗体设计视图。

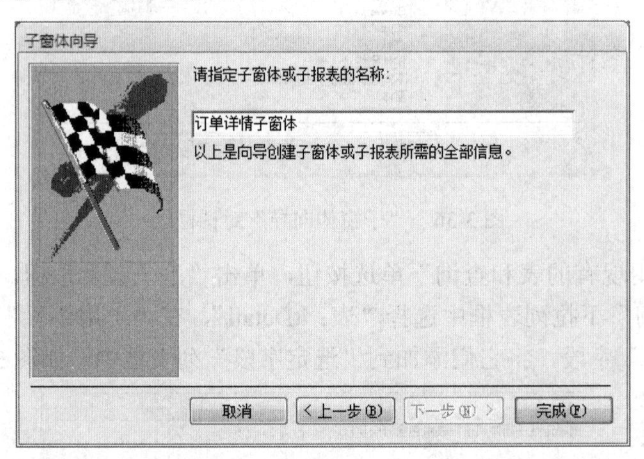

图 3-39 “子窗体向导”对话框之四

8）在子窗体中显示图书名称。选择子窗体中的“图书编号”文本框，选择“属性表”窗格中的“全部”选项卡，将“名称”属性设置为“图书名称”，在“数据”选项卡中将“控件来源”属性设置为“=DLookUp("书籍名称","tBook","书籍编号='" & [图书编号] & "'")”，如图 3-40 所示。选择“图书编号”文本框的伴随标签控件，将“标题”设置为“图书名称”。调整子窗体控件至合适大小。

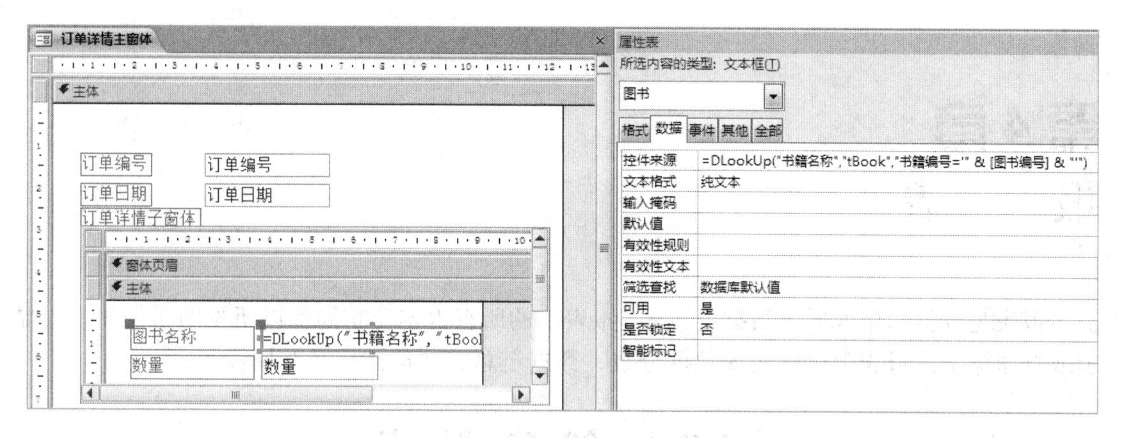

图 3-40　设置文本框属性

9）取消子窗体的导航按钮。单击子窗体左上角的窗体选择区，在“属性表”窗格的“全部”选项卡中将“导航按钮”属性设置为“否”，如图 3-41 所示。

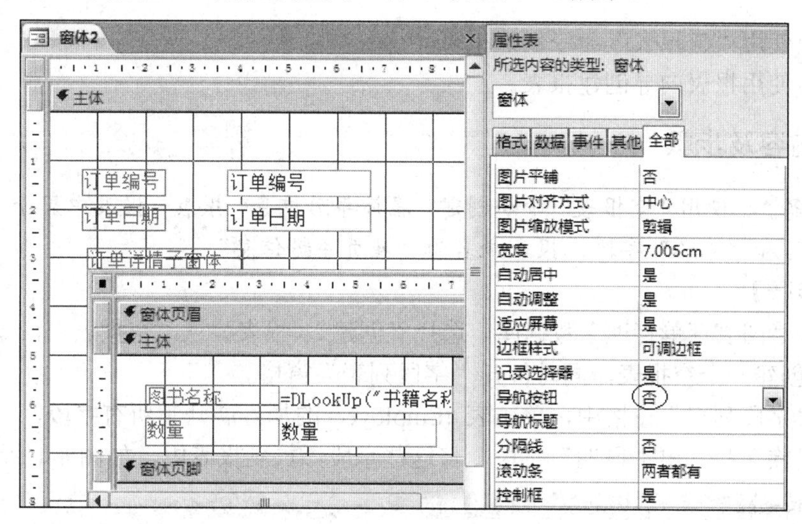

图 3-41　设置子窗体属性

10）单击设计视图右上角的“关闭”按钮，系统弹出对话框询问是否保存窗体，单击“是”按钮，在弹出的“另存为”对话框中输入“订单详情主窗体”，单击“确定”按钮，保存并关闭窗体。

第4章
报　　表

报表是以打印格式展示数据的方式，报表上的所有内容及布局都以所见即所得的方式显示或打印输出。报表上可以实现数据分组、数据汇总、数据排序及布局设置。

实验1　创建报表

一、实验目的

1）学习使用“空报表”命令创建报表。

2）学习使用报表向导创建报表。

二、实验内容及步骤

实验任务1　使用“空报表”命令创建“雇员年龄信息”报表，报表中显示“姓名”、“性别”、“民族”和“年龄”字段，报表命名为“雇员年龄信息”。

【操作步骤】

1）打开“图书订单管理”数据库，选择“创建”（报表）→“空报表”命令，系统以布局视图方式创建一个空报表，同时打开“字段列表”窗格。

2）在“字段列表”窗格中，单击表 tEmployee 的加号展开其所有字段，双击“姓名”、“性别”、“民族”和“出生日期”字段，将这些字段添加到报表中，如图4-1所示。

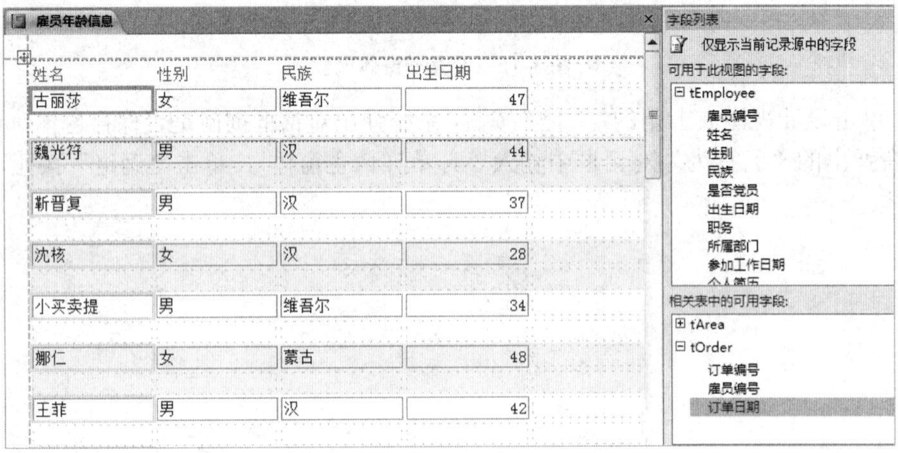

姓名	性别	民族	出生日期
古丽莎	女	维吾尔	47
魏光符	男	汉	44
靳晋复	男	汉	37
沈核	女	汉	28
小买卖提	男	维吾尔	34
娜仁	女	蒙古	48
王菲	男	汉	42

图4-1　报表布局视图之一

3）选择“出生日期”标签控件，选择“设计”（工具）→“属性表”命令，打开“属性表”窗格，修改其“标题”属性为“年龄”。

4）选择“年龄”标签下方的“出生日期”文本框控件，修改其“名称”属性为“年龄”，修改其“控件来源”属性为“=Year(Date())−Year([出生日期])”，修改其“格式”属性为“常规数字”，如图 4-2 所示。

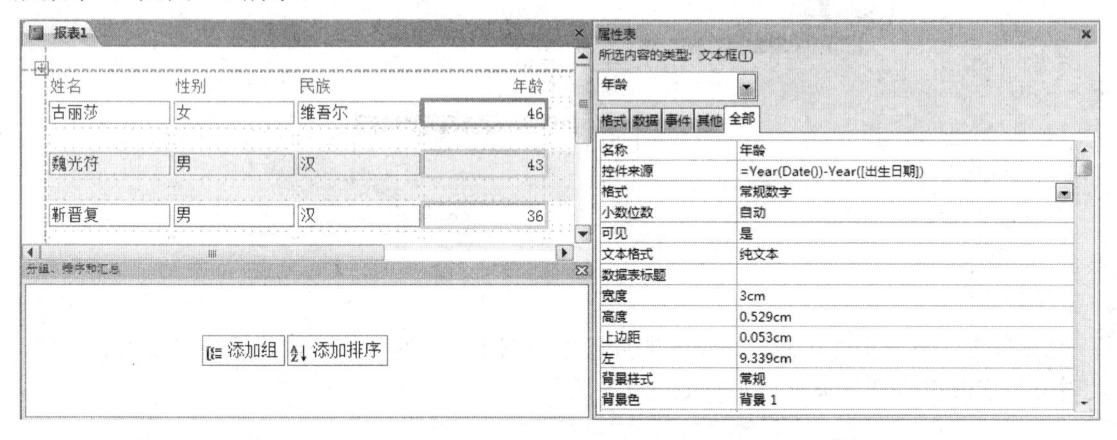

图 4-2　报表布局视图之二

5）选择“设计”（视图）→“报表视图”命令浏览报表中的数据。如果正确无误，则单击快速访问工具栏中的“保存”按钮，弹出“另存为”对话框，如图 4-3 所示。

图 4-3 “另存为”对话框

6）在“另存为”对话框中输入“雇员年龄信息”，单击“确定”按钮。单击设计视图右上角的“关闭”按钮关闭报表。

实验任务 2　使用报表向导创建“书籍信息”报表，报表中显示“书籍编号”、“书籍名称”、“类别”、“定价”和“出版社名称”字段，要求按“类别”字段分组，以“书籍名称”字段升序排列，显示每组定价平均值，报表命名为“书籍信息”。

【操作步骤】

1）打开“图书订单管理”数据库，选择“创建”（报表）→“报表向导”命令，弹出“报表向导”对话框。在“表/查询”下拉列表框中选择“表：tBook”，在“可用字段”列表框中双击“书籍编号”、“书籍名称”、“类别”、“定价”和“出版社名称”字段，将它们添加到“选定字段”列表框中，如图 4-4 所示。

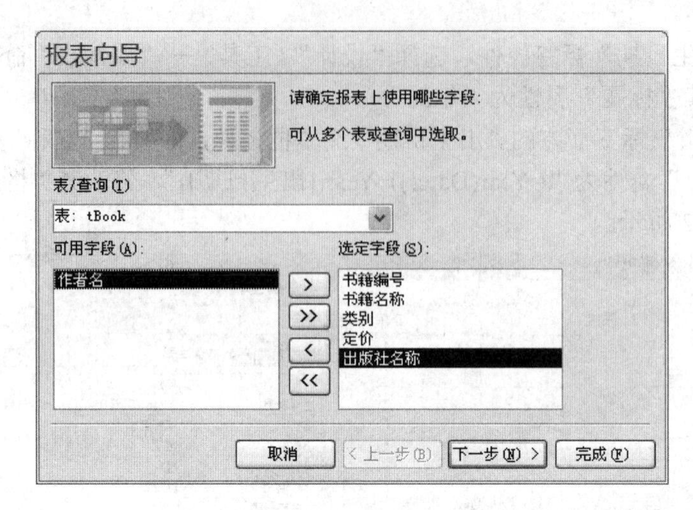

图 4-4 “报表向导”对话框之一

2）单击“下一步”按钮，在左侧的列表框中双击“类别”字段，将该字段添加到右侧，此时分组字段“类别”突出显示，如图 4-5 所示。

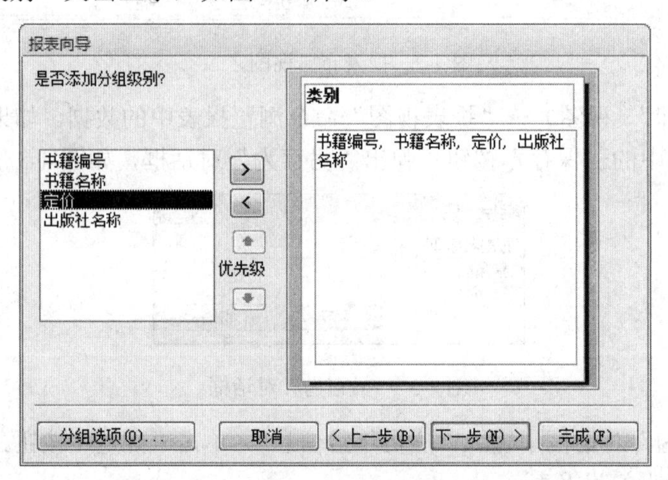

图 4-5 “报表向导”对话框之二

3）单击“下一步”按钮，选择按“书籍名称”字段升序排序，如图 4-6 所示。

4）单击“汇总选项”按钮，打开“汇总选项”对话框，选中“平均”复选框，在“显示”选项组中选中“明细和汇总”单选按钮，如图 4-7 所示。单击“确定”按钮。

5）单击两次“下一步”按钮，在“请为报表指定标题”文本框中输入报表标题“书籍信息”，如图 4-8 所示。

6）单击“完成”按钮，报表打印预览效果如图 4-9 所示。单击设计视图右上角的“关闭”按钮关闭报表。

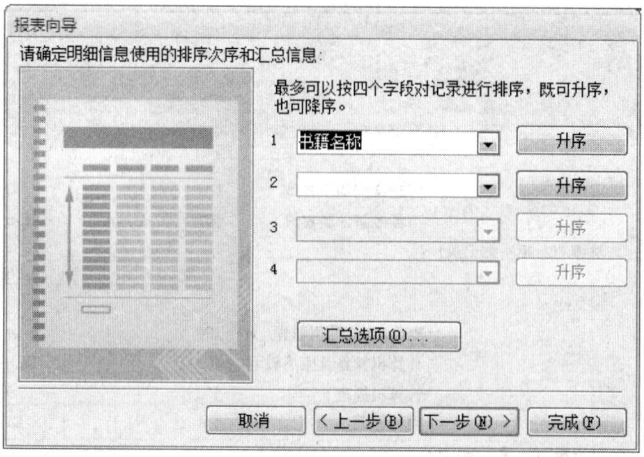

报表向导

请确定明细信息使用的排序次序和汇总信息：

最多可以按四个字段对记录进行排序，既可升序，也可降序。

1 书籍名称 升序

2 升序

3 升序

4 升序

汇总选项(O)...

取消 < 上一步(B) 下一步(N) > 完成(F)

图 4-6 “报表向导”对话框之三

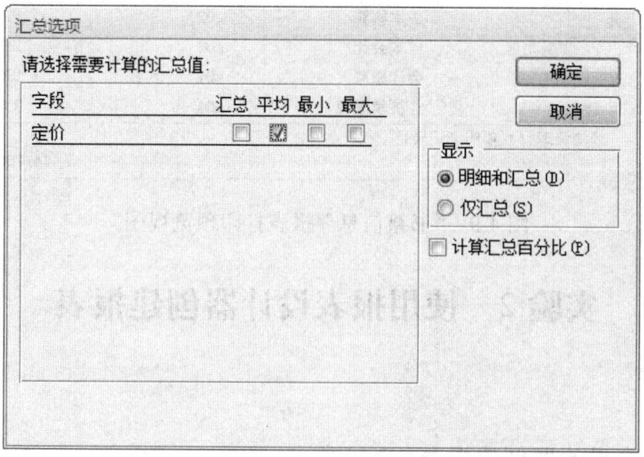

汇总选项

请选择需要计算的汇总值：

字段	汇总	平均	最小	最大
定价	☐	☑	☐	☐

确定

取消

显示

◉ 明细和汇总(D)

○ 仅汇总(S)

☐ 计算汇总百分比(P)

图 4-7 “报表向导”对话框之四

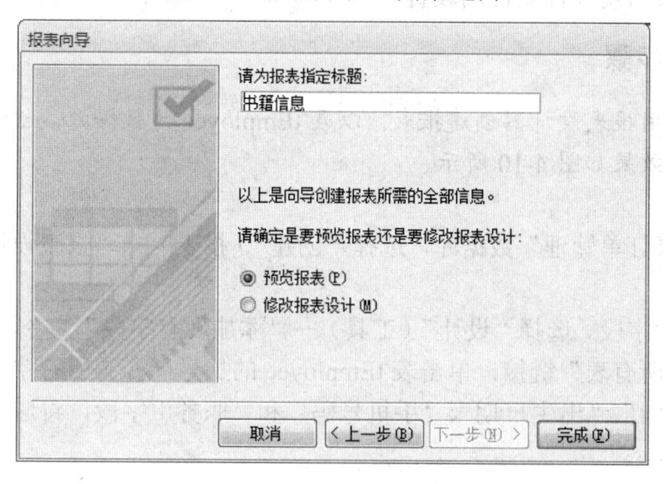

图 4-8 “报表向导”对话框之五

书籍信息

类别	书籍名称	书籍编号	定价	出版社名称
法律				
	劳动合同纠纷咨询	f02	30	清华大学出
	市场经济法制建设	f01	21.5	电子工业出
汇总 '类别' = 法律 (2 项明细记录)				
平均值			25.75	
计算机				
	Excel2010应用教程	j04	24	航空工业出
	计算机操作及应用教程	j03	23.8	航空工业出
	计算机原理	j02	9	中国人大出
	网络原理	j01	21	清华大学出
汇总 '类别' = 计算机 (4 项明细记录)				
平均值			19.449999809265	
经济管理				
	成本核算	g02	15	中国商业出
	成本会计	g03	11	中国商业出
	会计原理	g01	13	中国商业出
	经济学原理	g04	20	电子工业出
汇总 '类别' = 经济管理 (4 项明细记录)				
平均值			14.75	

图 4-9 “书籍信息”报表打印预览视图

实验 2　使用报表设计器创建报表

一、实验目的

1）学习使用报表设计器创建报表。

2）学习报表及常用控件属性的设置。

二、实验内容及步骤

实验任务　使用报表设计器创建报表。以表 tEmployee 为数据源，创建名为“雇员一览表”的报表，设计效果如图 4-10 所示。

【操作步骤】

1）打开“图书订单管理”数据库，选择“创建”（报表）→“报表设计”命令，进入报表设计视图。

2）向报表添加字段。选择“设计”（工具）→“添加现有字段”命令，弹出“字段列表”窗格，单击“显示所有表”链接，单击表 tEmployee 的加号展开其所有字段，双击“雇员编号”、“姓名”、“性别”、“出生日期”、“手机号码”和“职务”字段，将这些字段添加到报表中，如图 4-11 所示。

雇员一览表

2016/8/7

雇员编号	姓名	性别	出生日期	手机号码	职务
00001	古丽莎	女	1960/1/1	13965976546	职员
00002	魏光符	男	1962/7/1	13765976548	班长
00003	靳晋复	男	1970/1/1	13365976672	职员
00004	沈核	女	1978/6/1	13665976455	职员
00005	小买卖提	男	1972/11/1	13865976678	职员
00006	娜仁	女	1958/4/25	13165976685	经理
00007	王菲	男	1964/3/21	13965976545	职员
00008	阿依古丽	女	1962/8/6	13165976450	职员
00009	李大德	男	1959/10/1	13165976681	职员
00010	王娅	男	1952/8/9	13865976674	职员
00011	克里木	男	1967/11/12	13365976670	经理
00012	索朗江村	女	1965/1/15	13165976686	职员
00013	刘颖	男	1965/2/5	13665976452	班长
00014	苑平	男	1960/11/12	13365976673	职员
00015	次仁德吉	男	1965/1/15	13165976684	班长

图 4-10 “雇员一览表”报表

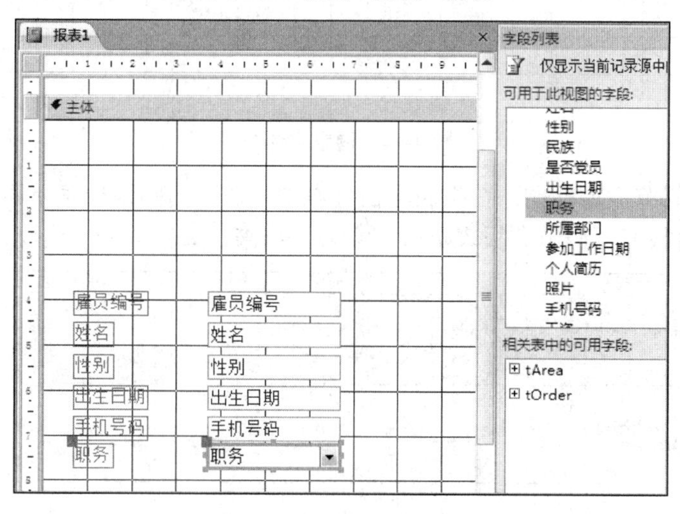

图 4-11 报表设计视图

3）按 Ctrl+A 组合键选择所有控件，选择“排列”（表）→“表格”命令，将控件布局调整为表格式。文本框控件的伴随标签控件被调整到页面页眉节中。选择“排列”（表）→“删除布局”命令删除布局，如图 4-12 所示。

页面页眉
雇员编号
姓名
性别
出生日期
手机号码
职务
主体
雇员编号
姓名
性别
出生日期
手机号码
职务

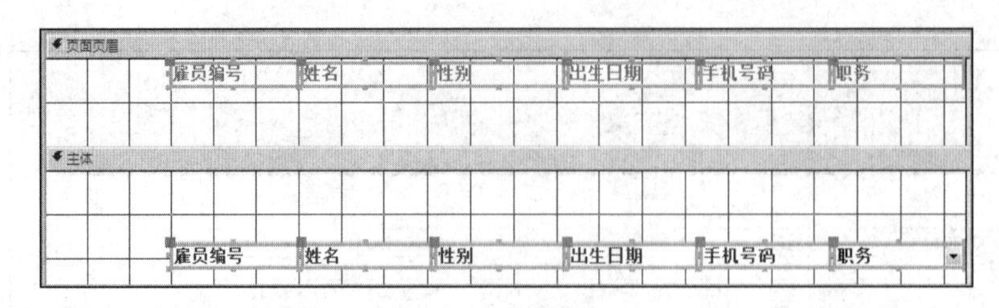

图 4-12　修改报表布局

4）在页面页眉节拖动鼠标，选中所有标签控件，拖动到页面页眉节左侧。通过拖动主体节调整页面页眉节的高度至合适大小，如图 4-13 所示。

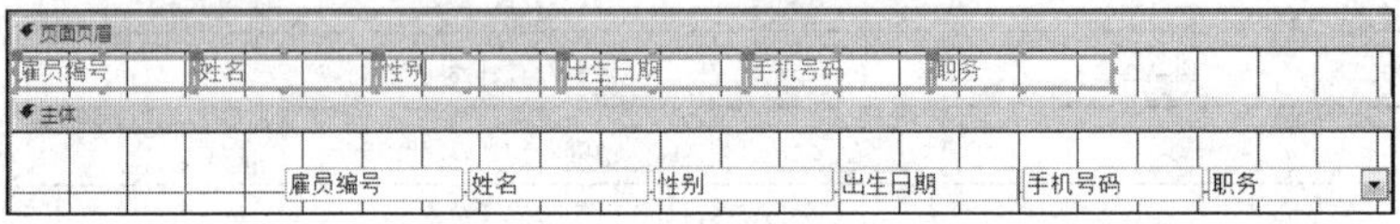

页面页眉
雇员编号
姓名
性别
出生日期
手机号码
职务
主体
雇员编号
姓名
性别
出生日期
手机号码
职务

图 4-13　调整页面页眉节

5）选中主体节中所有的文本框控件，拖动到主体节左上方，并通过拖动页面页脚节分隔线，调整主体节的高度至合适大小，如图 4-14 所示。

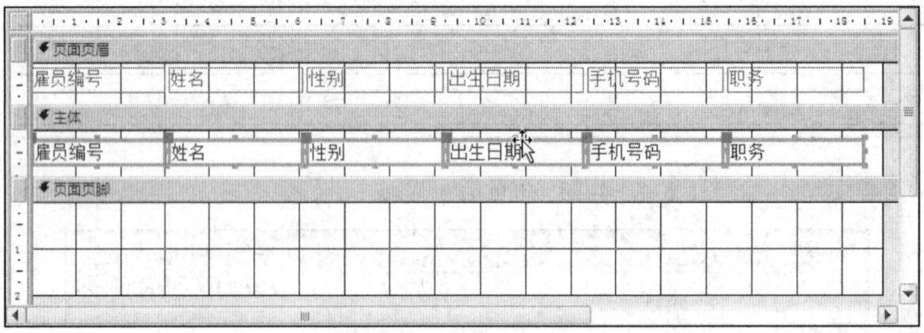

页面页眉
雇员编号
姓名
性别
出生日期
手机号码
职务
主体
雇员编号
姓名
性别
出生日期
手机号码
职务
页面页脚

图 4-14　调整主体节

6）在报表页眉节添加标题。在报表空白处右击，在弹出的快捷菜单中选择“报表页眉/页脚”命令，这时报表页眉节和报表页脚节会显示出来，如图 4-15 所示。

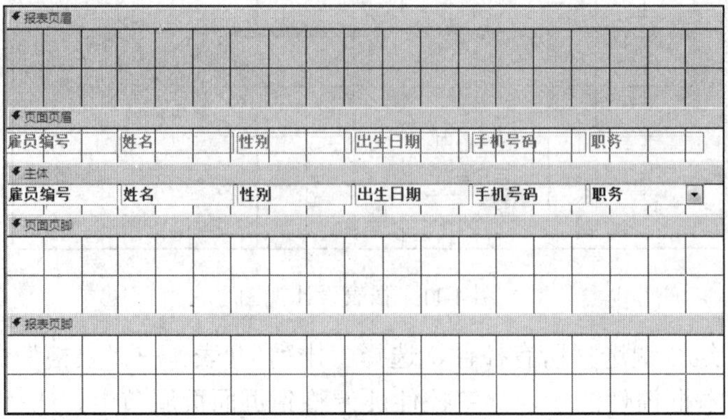

报表页眉
页面页眉
雇员编号
姓名
性别
出生日期
手机号码
职务
主体
雇员编号
姓名
性别
出生日期
手机号码
职务
页面页脚
报表页脚

图 4-15　显示报表页眉/页脚节

7）选择“设计”（控件）→“标签”命令，然后在报表页眉节按住鼠标左键拖动画出一个矩形，添加一个标签控件，输入标题“雇员一览表”，单击空白处确认输入，如图 4-16 所示。

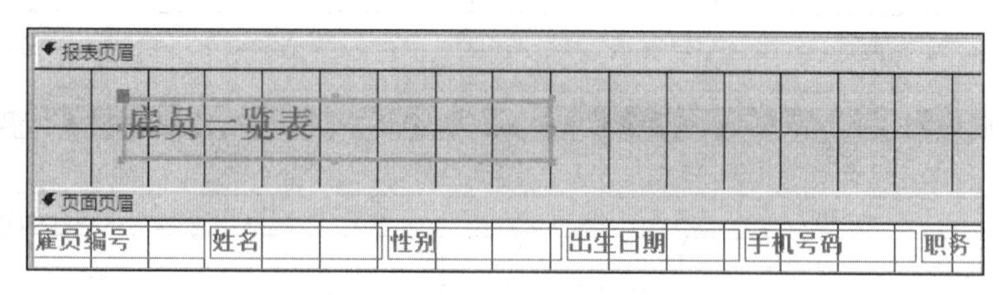

图 4-16　添加标签控件

8）选中标签控件，选择“设计”（工具）→“属性表”命令，打开“属性表”窗格，设置字号为 26，字体粗细为“加粗”。

9）在报表页眉节添加显示日期的计算控件。选择“设计”（控件）→“文本框”命令，在报表页眉节单击，以添加一个文本框控件，在文本框中输入计算公式“=Date()”,单击空白处确认输入，如图 4-17 所示。

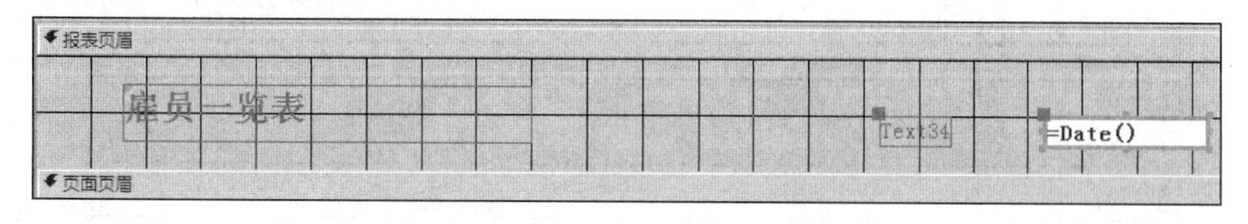

图 4-17　添加显示日期的计算控件

10）选中文本框控件，选择“设计”（工具）→“属性表”命令，打开“属性表”窗格，设置边框样式和背景样式为“透明”；选中文本框左侧的伴随标签控件，按 Delete 键删除。

11）在报表页眉节添加一个直线控件。选择“设计”（控件）→“直线”命令，在报表页眉内单击添加一个直线控件，在“属性表”窗格中设置上边距为 2cm，宽度为 18.501cm，左为 0cm，边框宽度为 3pt，如图 4-18 所示。

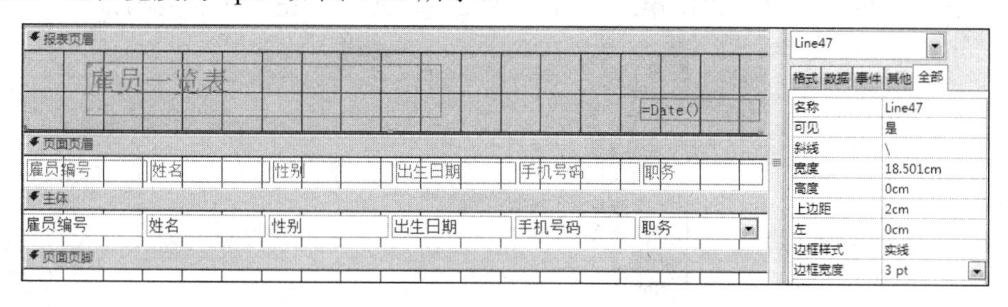

图 4-18　添加直线控件

12）在报表主体节添加直线控件。选中报表页眉节的直线控件，按 Ctrl+C 组合键复制，选中主体节，如图 4-19 所示。

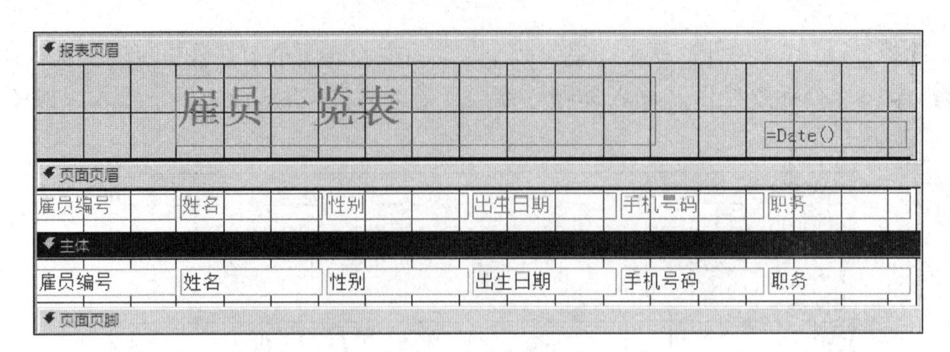

图 4-19　选中主体节

13）按 Ctrl+V 组合键粘贴，这时主体节生成一个同样的直线控件，用键盘上的向下方向键将该直线控件移动到所有文本框控件下方，在“属性表”窗格中设置边框宽度为 1，效果如图 4-20 所示。

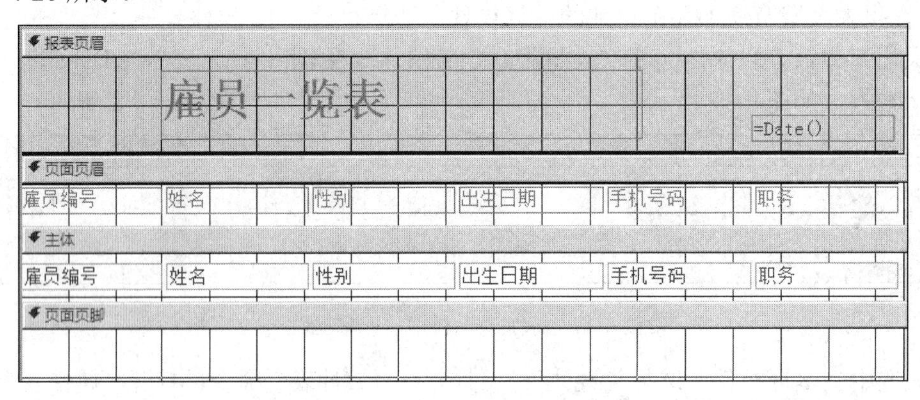

图 4-20　粘贴并调整直线

14）向报表添加页码。选择“设计”（页眉/页脚）→“页码”命令，弹出“页码”对话框，选中“格式”选项组中的“第 N 页，共 M 页”单选按钮，选中“位置”选项组中的“页面底端（页脚）”单选按钮，如图 4-21 所示。单击“确定”按钮，添加页码。

图 4-21　“页码”对话框

15）单击页面页脚节中生成的计算控件，在“属性表”窗格中将其“控件来源”属性的表达式修改为“=[Page] & "/" & [Pages]”，如图 4-22 所示。

格式 数据 事件 其他 全部	
名称	Text57
控件来源	=[Page] & "/" & [Pages]
格式	

图 4-22　修改控件来源表达式

16）单击快速访问工具栏中的“保存”按钮，弹出“另存为”对话框，输入名称“雇员一览表”，单击“确定”按钮保存。单击报表设计视图的“关闭”按钮关闭报表。

实验 3　报表的高级应用

一、实验目的

1）学习使用报表中的计算功能。

2）学习使用报表的分组与排序功能。

二、实验内容及步骤

实验任务 1　使用文本框的计算功能。修改“雇员一览表”报表，在报表页脚节添加一个计算控件，计算并显示雇员的平均年龄，计算控件放置在距上边 0.3cm、距左边 3.6cm 的位置，命名为 tAvg。要求平均年龄保留整数。

【操作步骤】

1）打开“图书订单管理”数据库，在导航窗格中右击“雇员一览表”报表，在弹出的快捷菜单中选择“设计视图”命令，进入报表设计视图。

2）在报表页脚节添加显示平均年龄的计算控件。选择“设计”（控件）→“文本框”命令，在报表页脚节单击，添加一个文本框控件，在文本框中直接输入计算公式“=Round(Avg(Year(Date())−Year([出生日期])),0)”，单击空白处确认输入，如图 4-23 所示。

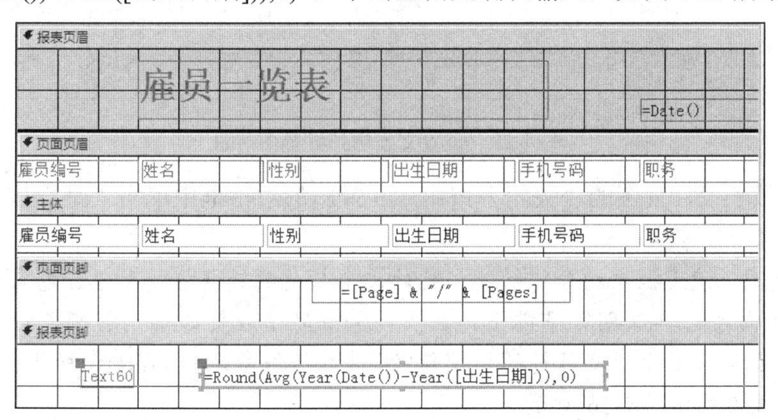

图 4-23　输入计算公式

3）选中文本框控件，在“属性表”窗格中设置名称为“tAvg”，边框样式为“透明”，左为 3.6cm，上边距为 0.3cm，如图 4-24 所示。

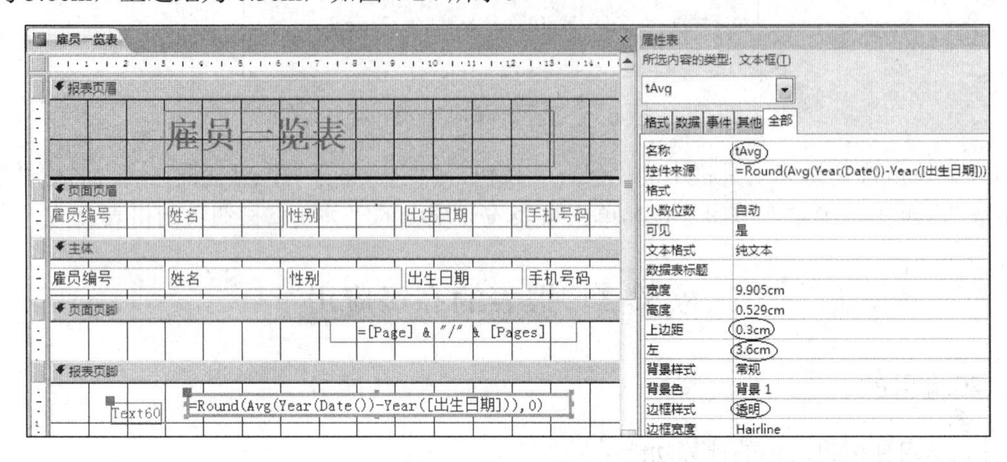

图 4-24　设置文本框属性

4）选中文本框的伴随标签控件，在“属性表”窗格中设置标题为“平均年龄：”，宽度为 2cm，上边距为 0.3cm，如图 4-25 所示。

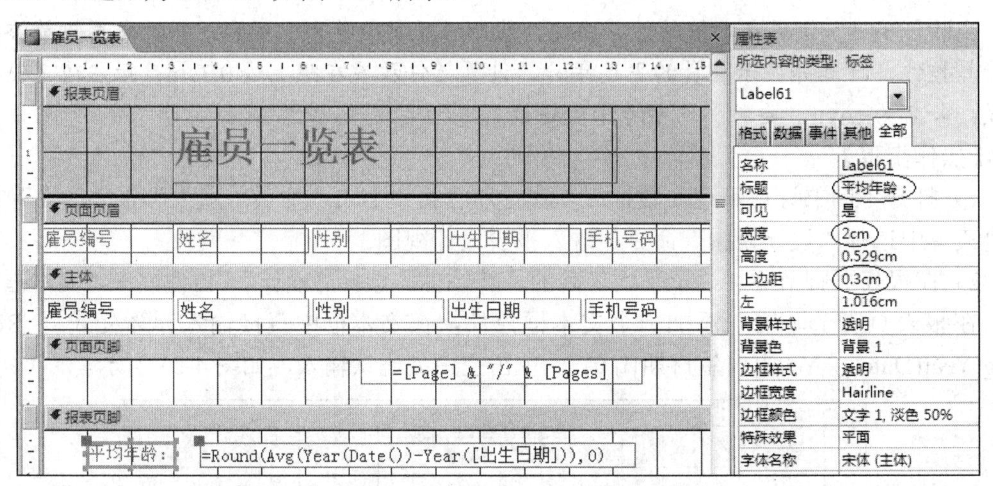

图 4-25　设置文本框伴随标签属性

5）单击报表设计视图的“关闭”按钮，在弹出的对话框中单击“是”按钮，保存并关闭报表。

实验任务 2　使用报表的分组功能。统计每个雇员的销售详情和总销售额，要求按照姓名分组，分组内按订单日期降序排序，在组页脚节显示雇员的总销售额，计算控件命名为 tSum，在报表页脚节显示所有雇员的总销售额，计算控件命名为 tTotals，所建报表命名为“雇员销售详情”，效果如图 4-26 所示。

图4-26 “雇员销售详情”报表效果

【操作步骤】

1）打开“图书订单管理”数据库，选中“雇员销售详情”查询，然后选择“创建”（报表）→“报表”命令，系统立即生成“雇员销售详情”报表。

2）选择“设计”（视图）→“设计视图”命令，切换到设计视图，选择报表页眉节布局区域左上角的标记，然后选择“排列”（表）→“删除布局”命令删除布局，如图4-27所示。

图4-27 报表页眉节的布局

3）删除页面页眉节的布局。选择页面页眉节布局区域左上角的标记，然后选择“排列”（表）→“删除布局”命令删除布局，如图4-28所示。

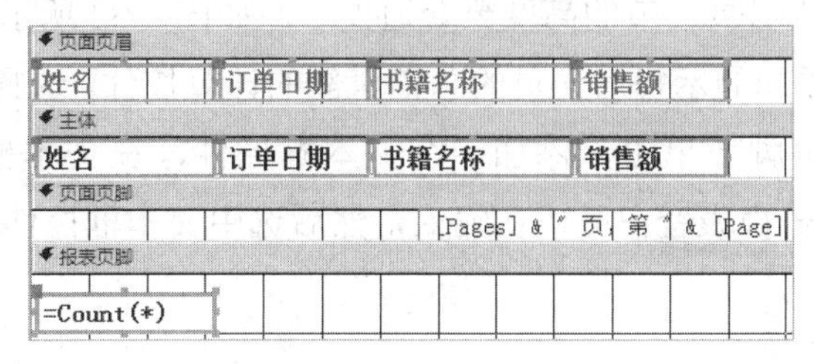

图4-28 页面页眉节的布局

4）添加姓名分组。选择“设计”（分组和汇总）→“分组和排序”命令，设计视图底部出现“分组、排序和汇总”窗格，如图 4-29 所示。

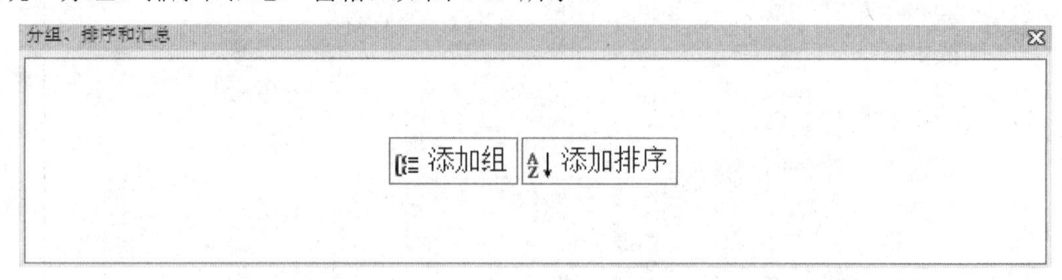

图 4-29 “分组、排序和汇总”窗格

5）单击“添加组”按钮，选择按“姓名”分组，默认按“升序”排序，单击“更多”按钮 展开其他选项，选择“有页脚节”，如图 4-30 所示。

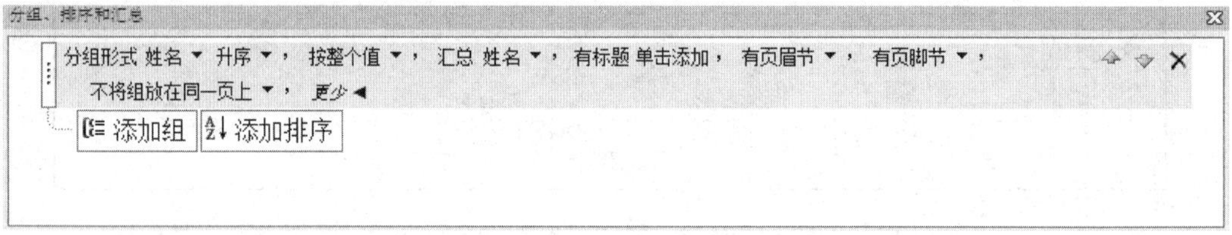

图 4-30 定义姓名分组

6）设置姓名分组的排序方式。单击“添加排序”按钮，选择按“订单日期”字段排序，单击“排序”下拉按钮，在下拉列表中选择“降序”选项，如图 4-31 所示。

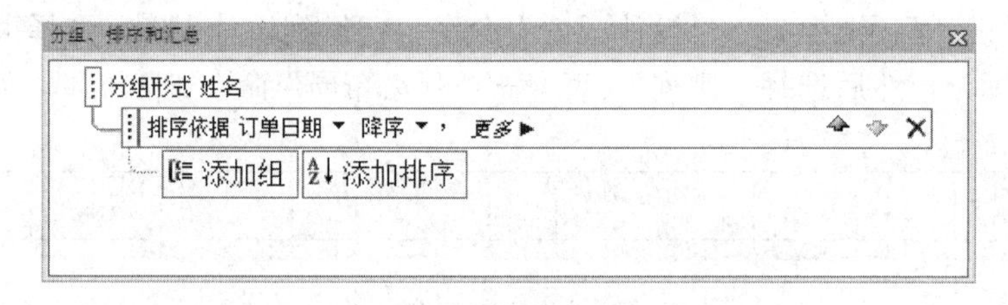

图 4-31 设置排序方式

7）将主体节的“姓名”文本框控件拖动到姓名页眉节，设置字号属性为 16，字体粗细属性为“加粗”，调整姓名页眉节的高度至合适大小，如图 4-32 所示。

8）在姓名页脚节添加显示每名雇员的总销售额的计算控件。选择“设计”（控件）→“文本框”命令，在姓名页脚节单击，添加一个文本框控件，在文本框中直接输入计算公式“=Sum([销售额])”，单击报表空白处确认输入，然后选中文本框控件，在“属性表”窗格中设置名称为“tSum”。

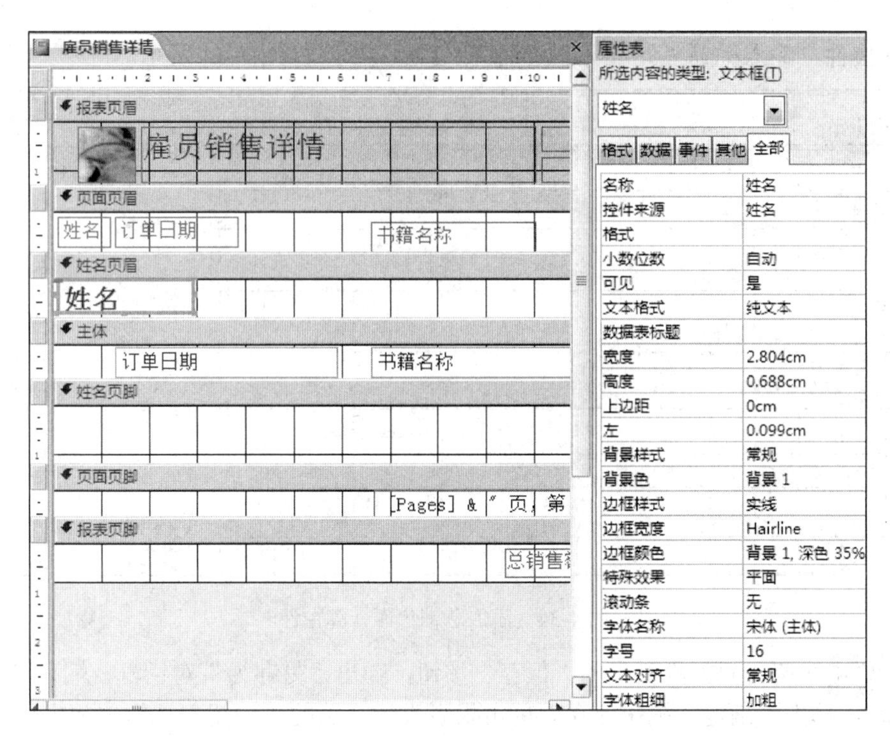

图 4-32　姓名页眉节“姓名”文本框属性设置

9）选中文本框左侧的伴随标签控件，设置标题为“销售额小计:”，在计算控件右侧添加一个标签控件，输入标题“元”，调整标签到合适大小，如图 4-33 所示。

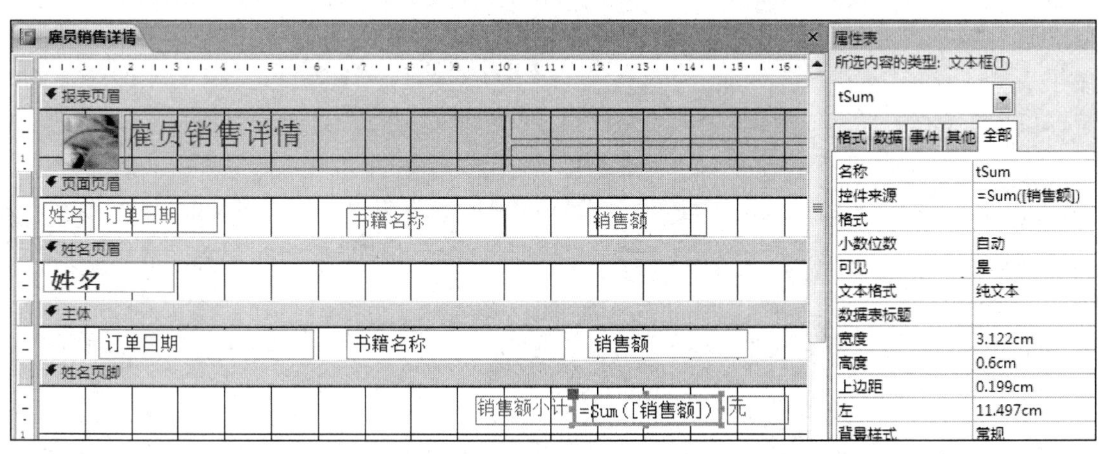

图 4-33　添加雇员销售额计算控件

10）在报表页脚节添加显示总销售额的计算控件。选择“设计”（控件）→“文本框”命令，在报表页脚节单击，添加一个文本框控件，在文本框中直接输入计算公式“=Sum([销售额])”，单击报表空白处确认输入，然后选中文本框控件，在“属性表”窗格中设置名称为“tTotals”。

11）选中文本框左侧的伴随标签控件，设置标题为“总销售额:”，在计算控件右侧添加一个标签控件，输入标题“元”，调整标签到合适大小，如图 4-34 所示。

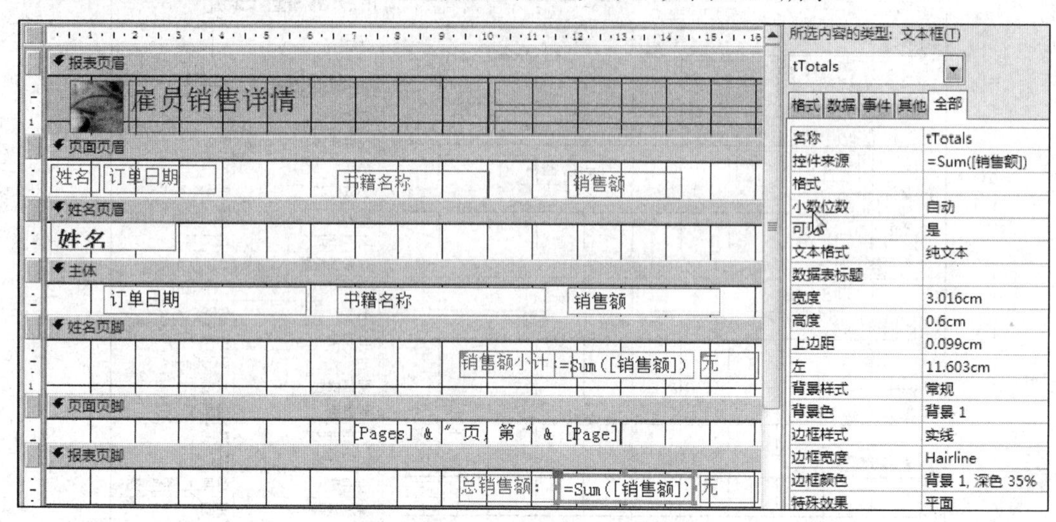

图 4-34　添加总销售额计算控件

12）单击快速访问工具栏中的“保存”按钮，弹出“另存为”对话框，输入名称“雇员销售详情”，单击“确定”按钮保存。单击报表设计视图的“关闭”按钮关闭报表。

第5章 宏

宏是由一个或多个操作组成的集合，其中的每个操作都能实现特定的功能。Access 提供的预定义宏操作可以直接在宏中使用。

实验1 创 建 宏

一、实验目的

1）学习创建简单宏。

2）学习创建带参数的宏。

二、实验内容及步骤

实验任务 创建三个简单宏，第一个宏为“打开雇员表”宏，要求当单击“显示雇员表”按钮时，运行宏，以只读方式打开 tEmployee 表，并将记录指针定位到第 10 条记录。第二个为嵌入宏，要求当单击“运行查询”按钮时，运行嵌入宏并启动“订单日期参数查询”。第三个为嵌入宏，要求当单击“退出”按钮时，运行嵌入宏并关闭“宏示例窗体”。然后创建一个“宏示例窗体”，在窗体中创建三个命令按钮:“显示雇员表”(名称为“cmdDisplay”)、“运行查询”(名称为 cmdQuery)和“退出”(名称为 cmdQuit)，命令按钮的宽度均为 3cm，高度为 1cm，命令按钮间隔为 1cm。窗体标题为“主菜单”。最后分别用按钮调用各个宏。

【操作步骤】

1）打开“图书订单管理”数据库，选择“创建”(窗体)→“窗体设计”命令，进入窗体设计视图。

2）向窗体添加命令按钮控件。选择“设计”(控件)→“按钮”命令，在窗体空白处单击，弹出“命令按钮向导”对话框，单击“取消”按钮。选择“设计”(工具)→“属性表”命令，打开“属性表”窗格，设置名称为“cmdDisplay”，标题为“显示雇员表”，左为 1cm，上边距为 0.6cm，宽度为 3cm，高度为 1cm，如图 5-1 所示。

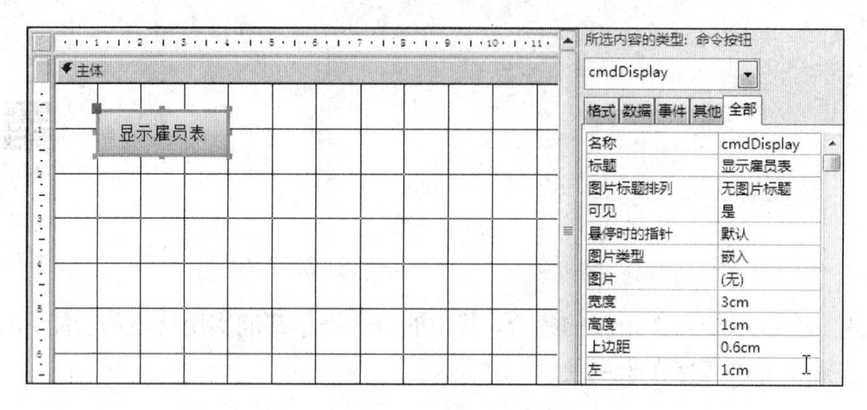

图 5-1　设置“显示雇员表”按钮属性

3）以同样的方式添加第二个命令按钮，设置名称为“cmdQuery”，标题为“运行查询”，左为 5cm，上边距为 0.6cm，宽度为 3cm，高度为 1cm，如图 5-2 所示。

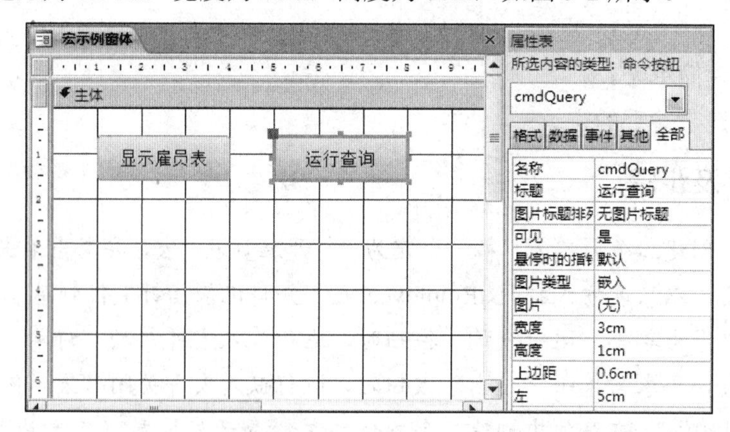

图 5-2　设置“运行查询”按钮属性

4）添加第三个命令按钮，设置名称为“cmdQuit”，标题为“退出”，左为 9cm，上边距为 0.6cm，宽度为 3cm，高度为 1cm，如图 5-3 所示。

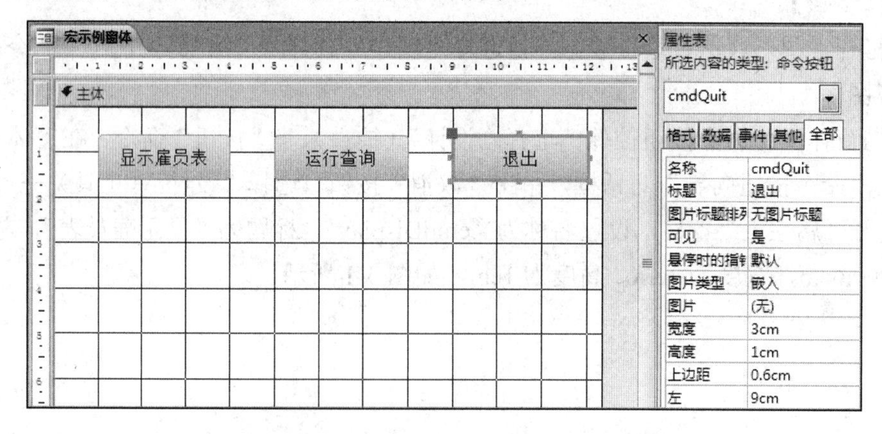

图 5-3　设置“退出”按钮属性

5）选择“属性表”窗格中的窗体对象，设置标题为“主菜单”。

6）单击快速访问工具栏中的“保存”按钮，弹出“另存为”对话框，输入窗体名称“宏示例窗体”，单击“确定”按钮完成保存。

7）创建“打开雇员表”宏。选择“创建”（宏与代码）→“宏”命令，打开宏设计器，如图 5-4 所示。

图 5-4　宏设计器

8）单击“添加新操作”下拉列表框右侧的下拉按钮，在下拉列表中选择“OpenTable”操作，在操作参数中，表名称选择“tEmployee”，数据模式选择“只读”，如图 5-5 所示。

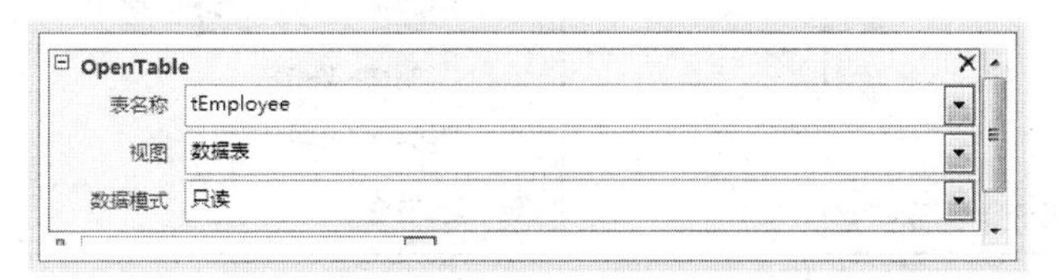

图 5-5　OpenTable 操作参数编辑

9）再次单击“添加新操作”下拉列表框的下拉按钮，选择“GoToRecord”操作，在操作参数中，对象类型选择“表”，对象名称选择“tEmployee”，偏移量输入 10，如图 5-6 所示。

图 5-6　GoToRecord 操作参数编辑

10）单击宏设计器右上角的“关闭”按钮，在弹出的对话框中单击“是”按钮，在“另存为”对话框中输入宏名“打开雇员表”，单击“确定”按钮保存宏并关闭宏设计器。

11）选中“显示雇员表”命令按钮，在“属性表”窗格中选择“事件”选项卡，设置“单击”属性为“打开雇员表”宏，如图 5-7 所示。

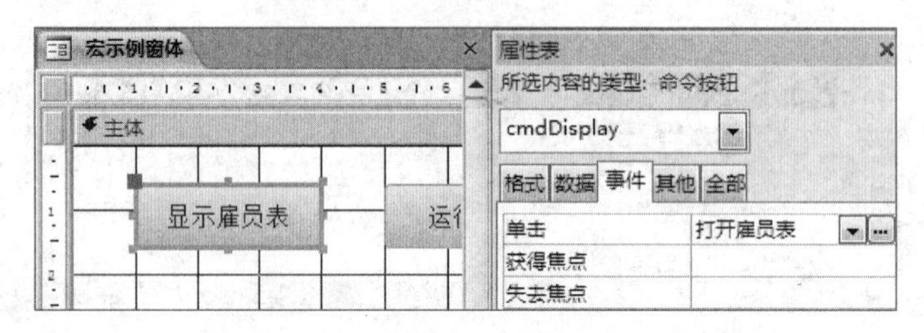

图 5-7　设置按钮单击事件

12）为“运行查询”命令按钮设置嵌入宏。右击“运行查询”命令按钮，在弹出的快捷菜单中选择“事件生成器”命令，在弹出的对话框中选择“宏生成器”选项，如图 5-8 所示。单击“确定”按钮，进入宏设计器。

13）在宏设计器中的“添加新操作”下拉列表框中选择“OpenQuery”操作，在操作参数中，查询名称选择“订单日期参数查询”，如图 5-9 所示。单击宏设计器右上角的“关闭”按钮，在弹出的对话框中单击“是”按钮，保存宏并关闭宏设计器。

图 5-8　选择生成器

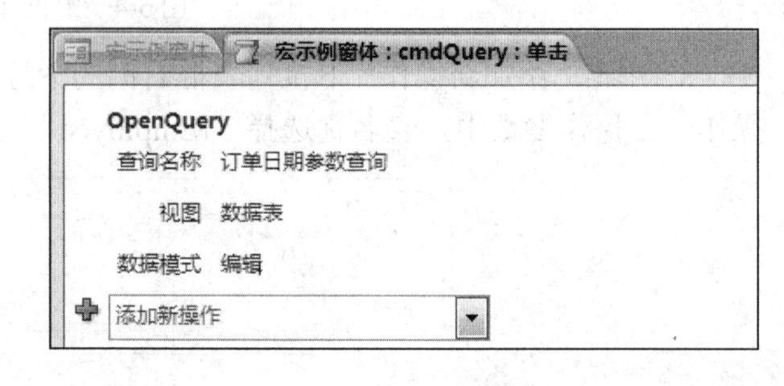

图 5-9　宏设计器之一

14）为“退出”命令按钮设置嵌入宏。右击“退出”命令按钮，在弹出的快捷菜单中选择“事件生成器”命令，在弹出的对话框中选择“宏生成器”选项，单击“确定”按钮，进入宏设计器。

15）在宏设计器中的“添加新操作”下拉列表框中选择“CloseWindow”操作，在操作参数中，对象类型选择“窗体”，对象名称选择“宏示例窗体”，如图 5-10 所示。单击宏设计器右上角的“关闭”按钮，在弹出的对话框中单击“是”按钮，保存宏并关闭宏设计器。

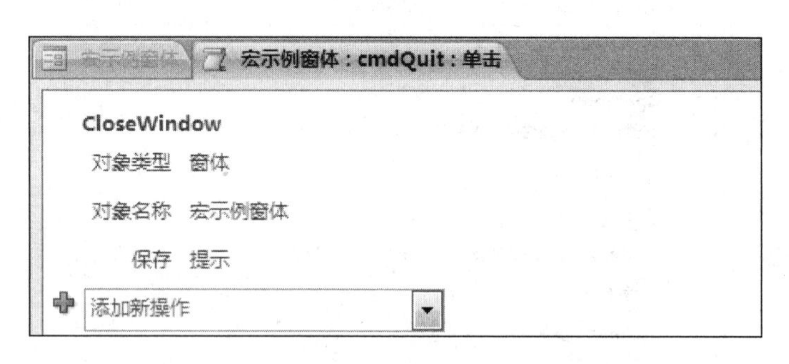

图 5-10 宏设计器之二

16）单击窗体设计器右上角的“关闭”按钮，在弹出的对话框中单击“是”按钮，保存并关闭“宏示例窗体”。

实验 2 创 建 宏 组

一、实验目的

1）学习创建宏组。

2）学习宏组的运用。

二、实验内容及步骤

实验任务 创建一个名称为“宏组示例”的宏组，第一个子宏为“打开书籍信息一览表”，要求当单击“显示书籍信息一览表”按钮时，运行宏并仅显示计算机类别的书籍信息。第二个子宏为“在子宏中打开雇员表”宏，要求当单击“打开雇员表”按钮时，运行宏并打开雇员表。然后创建一个“宏组示例窗体”，在窗体中创建两个按钮：“显示书籍信息一览表”（名称为 cmdOpenForm）和“打开雇员表”（名称为 cmdOpenTable）。最后分别用按钮调用宏组中的两个子宏。

【操作步骤】

1）打开“图书订单管理”数据库，选择“创建”（宏与代码）→“宏”命令，打开宏设计器。在“添加新操作”下拉列表框中选择“Submacro”操作，在“子宏”文本框中输入子宏名称“打开书籍信息一览表”，在“添加新操作”下拉列表框中选择“OpenForm”操作，在操作参数中，窗体名称选择“书籍信息一览表”，在“当条件 =”文本框中输入“[tBook]![类别]="计算机"”，如图 5-11 所示。

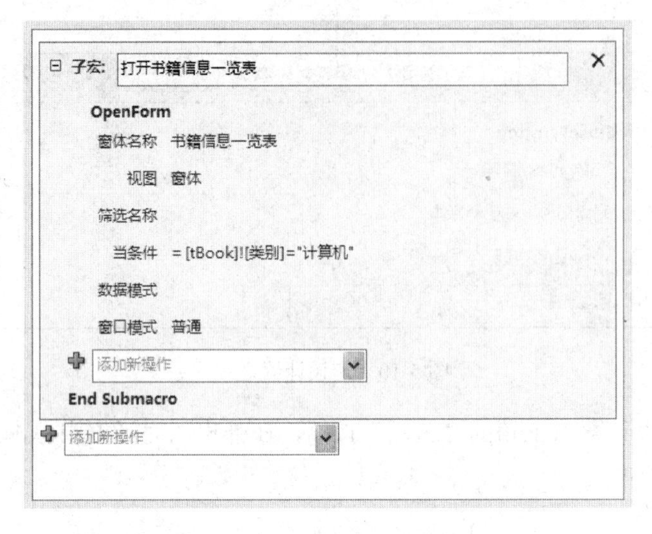

图 5-11　宏设计器之一

2）在“End Submacro”下面的“添加新操作”下拉列表框中选择“Submacro”操作，在“子宏”文本框中输入子宏名称“在子宏中打开雇员表”，拖动“打开雇员表”宏到“添加新操作”下拉列表框处，或在“添加新操作”下拉列表框中选择“RunMacro”操作，在操作参数中，宏名称选择“打开雇员表”，如图 5-12 所示。

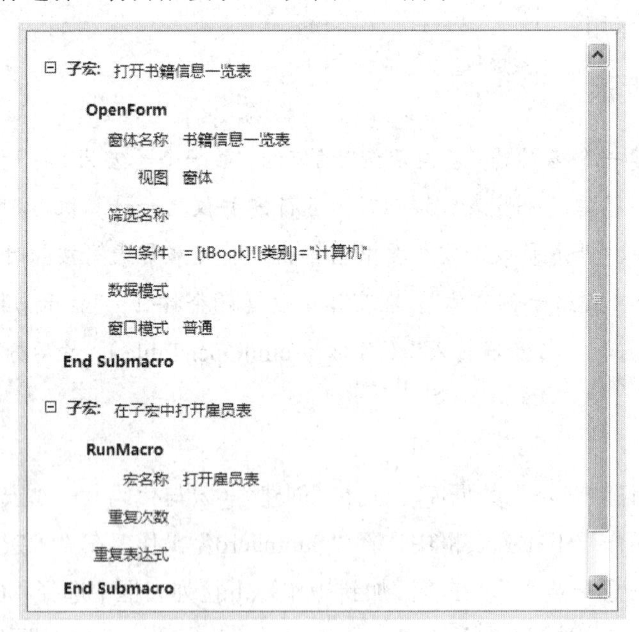

图 5-12　宏设计器之二

3）单击宏设计器右上角的“关闭”按钮，在弹出的对话框中单击“是”按钮，在“另存为”对话框中输入“宏组示例”，单击“确定”按钮保存宏并关闭宏设计器。

4）选择“创建”（窗体）→“窗体设计”命令，进入窗体设计视图。选择“设计”（控件）→“按钮”命令，在窗体空白处单击，弹出“命令按钮向导”对话框，单击“取消”按钮，选择“设计”（工具）→“属性表”命令，打开“属性表”窗格，设置名称为“cmdOpenForm”，标题为“显示书籍信息一览表”，左为1cm，上边距为0.6cm，宽度为5cm，高度为1cm。

5）以同样的方式添加第二个命令按钮，设置名称为“cmdOpenTable”，标题为“打开雇员表”，左为7cm，上边距为0.6cm，宽度为5cm，高度为1cm。

6）选中“显示书籍信息一览表”命令按钮，在“属性表”窗格中选择“事件”选项卡，设置“单击”属性为“宏组示例.打开书籍信息一览表”，如图5-13所示。

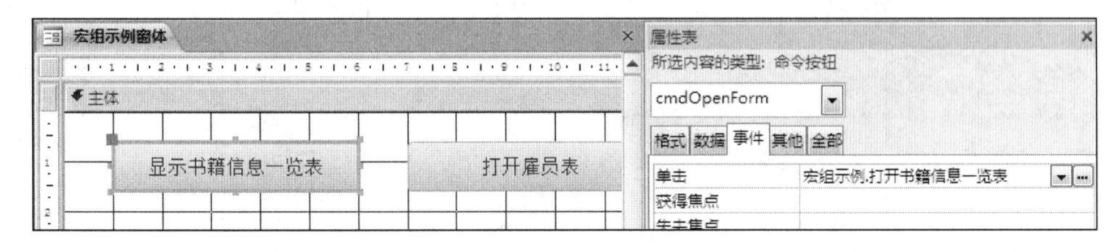

图5-13　窗体设计视图之一

7）选中“打开雇员表”命令按钮，在“属性表”窗格中选择“事件”选项卡，设置“单击”属性为“宏组示例.在子宏中打开雇员表”，如图5-14所示。

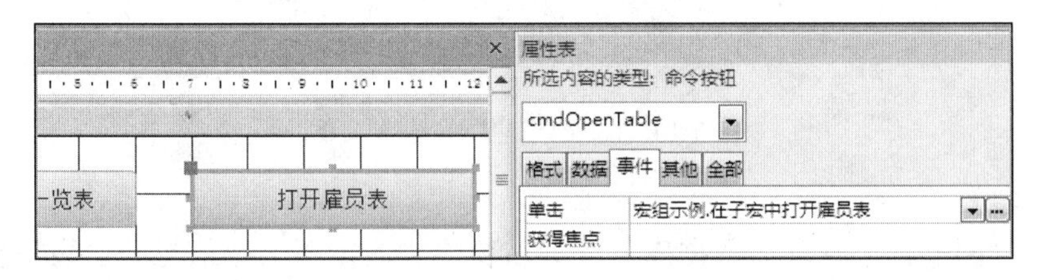

图5-14　窗体设计视图之二

8）单击快速访问工具栏中的“保存”按钮，弹出“另存为”对话框，输入窗体名称“宏组示例窗体”，单击“确定”按钮完成保存。单击窗体设计视图右上角的“关闭”按钮关闭窗体。

实验3　用向导创建嵌入宏和自动执行宏

一、实验目的

1）学习使用向导创建嵌入宏。

2）学习创建自动执行宏。

二、实验内容及步骤

实验任务1　用向导创建嵌入宏。编辑“书籍信息一览表”窗体，在窗体中创建三个命令按钮：“第一项记录”（名称为cmdFirst）、“下一项记录”（名称为cmdNext）和“最后一项记录”（名称为cmdLast），分别实现在窗体中显示第一条记录、在窗体中显示下一条记录和在窗体中显示最后一条记录的操作，效果如图 5-15 所示。

图 5-15 “书籍信息一览表”窗体

【操作步骤】

1）打开“图书订单管理”数据库，在导航窗格中右击“书籍信息一览表”窗体，在弹出的快捷菜单中选择“设计视图”命令，进入窗体设计视图。

2）选择“设计”（控件）→“按钮”命令，在窗体空白处单击，弹出“命令按钮向导”对话框的按钮类别选择界面，在“类别”列表框中选择“记录导航”选项，在“操作”列表框中选择“转至第一项记录”选项，如图 5-16 所示。

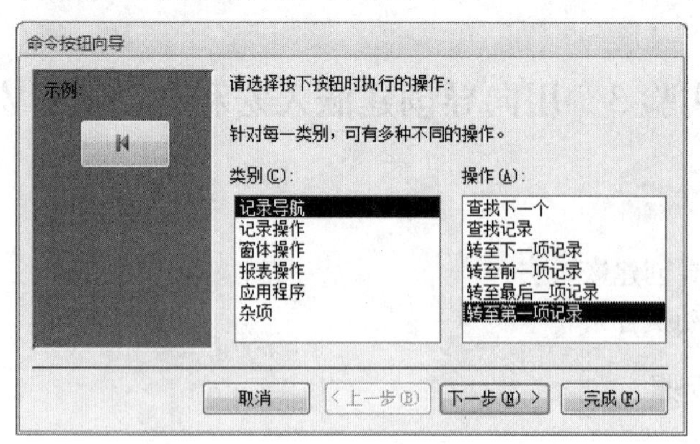

图 5-16 “命令按钮向导”对话框

3）单击“下一步”按钮，进入向导的按钮标题选择界面，选中“文本”单选按钮，文本框中保留默认值“第一项记录”，如图 5-17 所示。

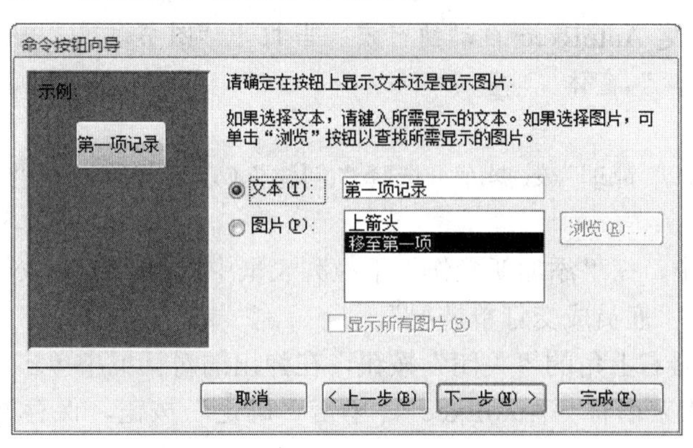

图 5-17　按钮标题选择界面

4）单击“下一步”按钮，进入向导完成界面，在此输入命令按钮名称“cmdFirst”，单击“完成”按钮，完成第一个命令按钮的创建。

5）按照上述操作步骤完成“下一项记录”和“最后一项记录”命令按钮的创建，并分别命名为 cmdNext 和 cmdLast。

6）对齐三个命令按钮并调整大小。按住 Ctrl 键，然后逐一单击三个命令按钮，同时选中这三个命令按钮，然后选择“排列”（调整大小和排序）→“对齐”→“靠上”命令，使三个命令按钮按最靠上的按钮对齐，如图 5-18 所示。

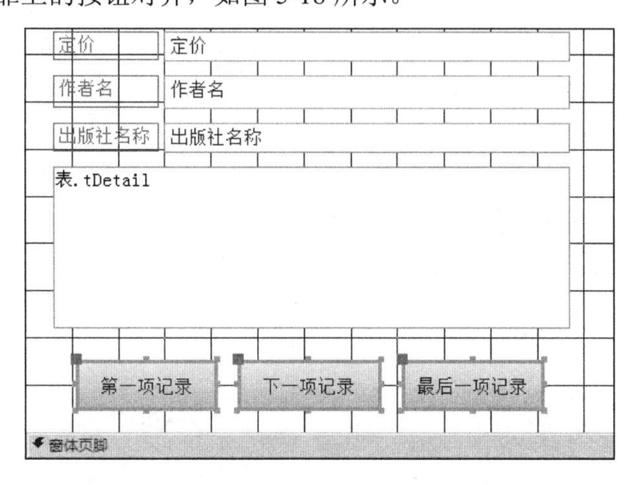

图 5-18　“书籍信息一览表”窗体设计视图

7）选择“排列”（调整大小和排序）→“大小/空格”→“至最宽”命令，使三个命令按钮的宽度与最宽的按钮一致。

8）选择“排列”（调整大小和排序）→“大小/空格”→“水平相等”命令，使三个命令按钮的水平间距相等。

9）单击窗体设计视图右上角的“关闭”按钮，在弹出的对话框中单击“是”按钮，保存窗体并关闭窗体设计视图。

实验任务 2 创建 AutoExec 自动执行宏。当打开“图书订单管理”数据库时，自动打开“雇员成交订单情况”窗体。

【操作步骤】

1）打开“图书订单管理”数据库，选择“创建”（宏与代码）→“宏”命令，打开宏设计器。

2）在宏设计器中，在“添加新操作”下拉列表框中选择“OpenForm”操作，在操作参数中，窗体名称选择“雇员成交订单情况”。

3）单击宏设计器右上角的“关闭”按钮，在弹出的对话框中单击“是”按钮，在“另存为”对话框中输入宏名称“AutoExec”，单击“确定”按钮，保存并关闭宏设计器，如图 5-19 所示。

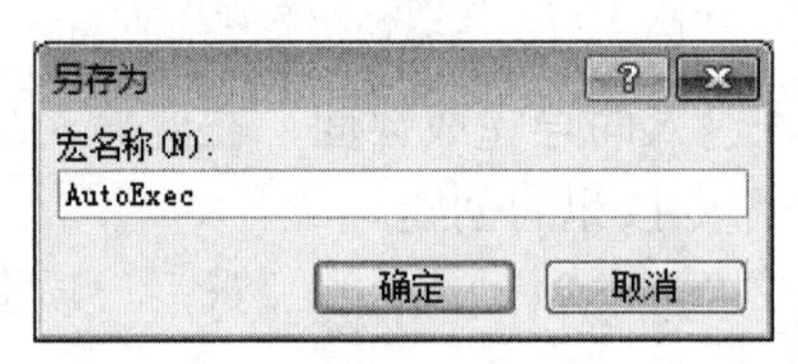

图 5-19 “另存为”对话框

第 6 章 VBA 编程

VBA 程序是一个符合 VBA 语法要求的语句的有限序列，其中的每条语句都有明确的功能并能被 Access 理解和执行。

实验 1　VBA 简单编程

一、实验目的

1）学习常用控件的事件和使用方法。

2）学习 VBA 程序的三种控制结构。

二、实验内容及步骤

实验任务 1　创建一个窗体（名称为 fTest），在窗体中创建一个标签（名称为 bTitle，标题为“欢迎来到 VBA!”），创建三个命令按钮：“显示”（名称为 cmdDisp）、“隐藏”（名称为 cmdHide）和“改变颜色”（名称为 cmdChangeColor）。窗体功能为：窗体加载时，标签不可见，“隐藏”按钮不可用，窗体标题动态显示系统当前日期时间；当单击“显示”按钮时，标签可见，“隐藏”命令按钮可用；当单击“隐藏”命令按钮时，标签消失；当单击“改变颜色”命令按钮时，标签文字颜色改为红色。窗体界面如图 6-1 所示。

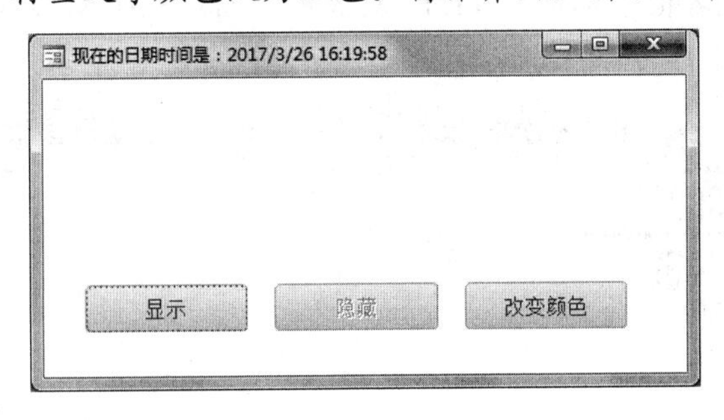

图 6-1　fTest 窗体

【操作步骤】

1）打开“图书订单管理”数据库，选择“创建”（窗体）→“窗体设计”命令，进入窗体设计视图。

2）向窗体添加标签控件。选择“设计”（控件）→“标签”命令，然后在窗体中按住鼠

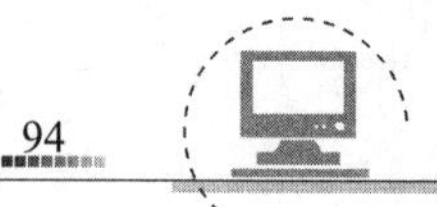

标左键拖动画出一个矩形，输入标题“欢迎来到 VBA!”，单击空白处确认输入，然后选中标签控件，选择“设计”(工具)→“属性表”命令，打开“属性表”窗格，设置名称为“bTitle”，字号为26，字体粗细为“加粗”。

3）向窗体添加命令按钮控件。选择“设计”(控件)→“按钮”命令，在窗体空白处单击，弹出“命令按钮向导”对话框，单击“取消”按钮，在“属性表”窗格中设置名称为“cmdDisp”，标题为“显示”。用同样的方式添加第二个命令按钮，设置名称为“cmdHide”，标题为“隐藏”。添加第三个命令按钮，将其名称设置为“cmdChangeColor”，标题为“改变颜色”。

4）调整标签到合适大小和位置，水平对齐三个命令按钮，并使其间距水平相等。

5）设置窗体的属性。在“属性表”窗格中选择窗体对象，设置记录选择器为“否”，导航按钮为“否”，滚动条为“两者均无”，如图6-2所示。

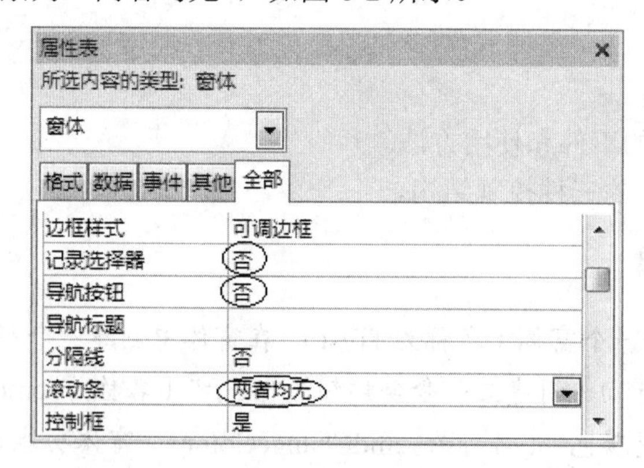

图6-2 “属性表”窗格

6）编写窗体加载事件代码。选择“设计”(工具)→“查看代码”命令，在弹出的代码编辑窗口的对象下拉列表框中选择“Form”对象，如图6-3所示。这时代码编辑窗口中出现Form_Load()窗体加载事件过程框架。

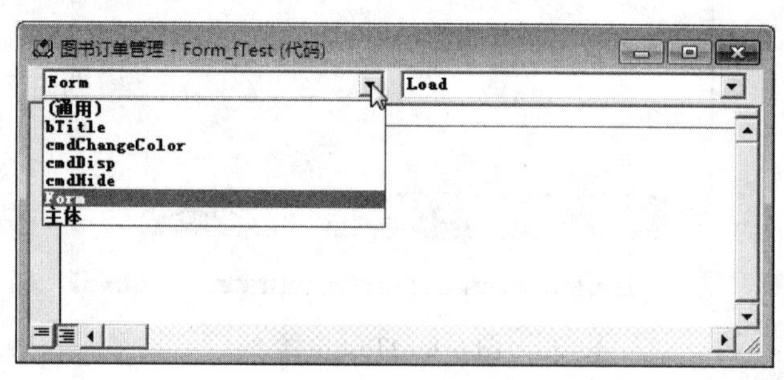

图6-3 代码编辑窗口

7）在该框架中写入代码，使得标签不可见，“隐藏”命令按钮不可用，窗体计时器时间间隔设置为1000ms，如图6-4所示。

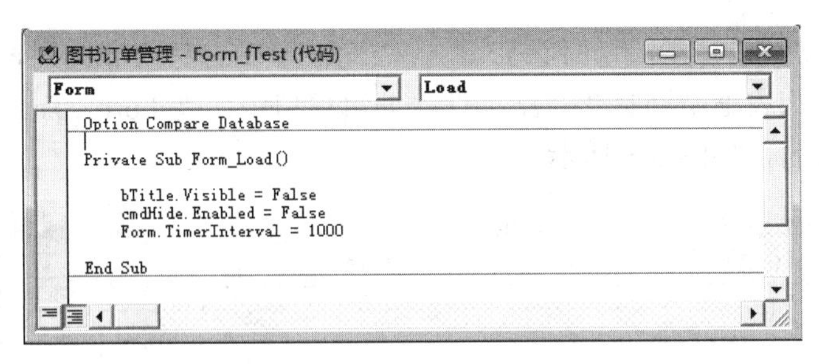

图 6-4 窗体加载事件代码

8）编写 cmdDisp 命令按钮的单击事件代码。在代码编辑窗口的对象下拉列表框中选择“cmdDisp”对象，代码编辑窗口中出现 cmdDisp_Click()按钮单击事件过程框架，在此框架中写入代码，如图 6-5 所示。

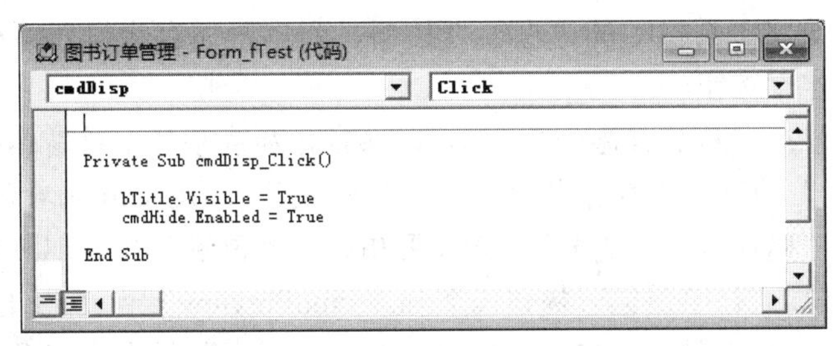

图 6-5 cmdDisp 命令按钮的单击事件代码

9）编写 cmdHide 命令按钮的单击事件代码。在代码编辑窗口的对象下拉列表框中选择“cmdHide”对象，代码编辑窗口中出现 cmdHide_Click()按钮单击事件过程框架，在此框架中写入代码，如图 6-6 所示。

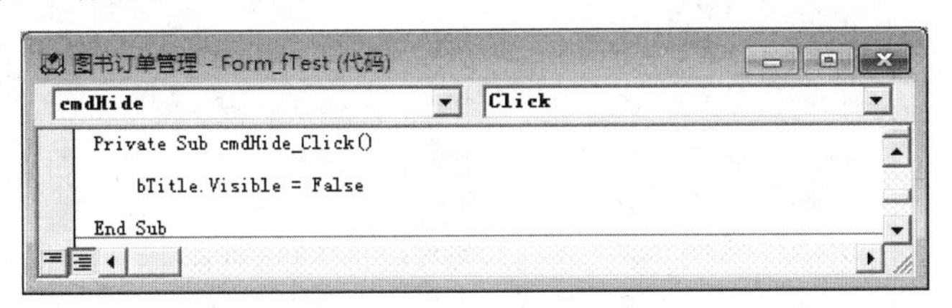

图 6-6 cmdHide 命令按钮的单击事件代码

10）编写 cmdChangeColor 命令按钮的单击事件代码。在代码编辑窗口的对象下拉列表框中选择“cmdChangeColor”对象，代码编辑窗口中出现 cmdChangeColor_Click()按钮单击事件过程框架，在此框架中写入代码，如图 6-7 所示。

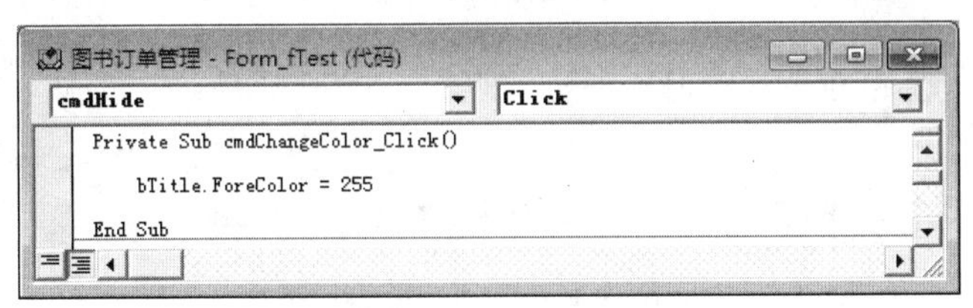

图 6-7 cmdChangeColor 命令按钮的单击事件代码

11）编写窗体对象的计时事件代码。在代码编辑窗口的对象下拉列表框中选择“Form”对象，在事件下拉列表框中选择 Timer 事件，编辑窗口中出现 Form_Timer()事件过程框架，在此框架中写入代码，如图 6-8 所示。

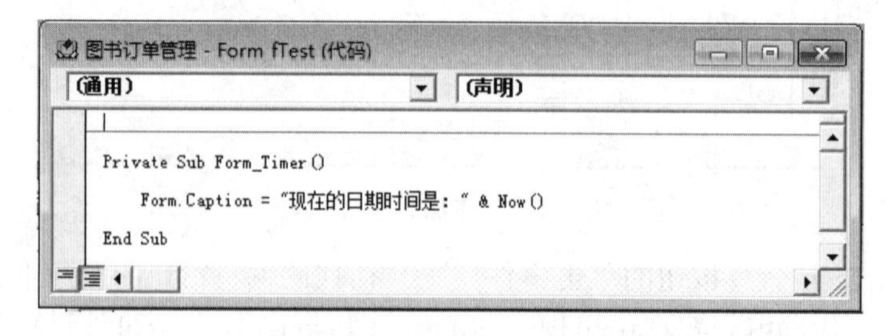

图 6-8　窗体计时事件代码

12）单击快速访问工具栏中的“保存”按钮，弹出“另存为”对话框，输入窗体名称“fTest”，单击“确定”按钮。

实验任务 2　修改“雇员信息一览窗体”，在窗体加载事件中将窗体标题改为“职员人数共#人”，其中“#”为雇员中职务是“职员”的人数（由 DCount 函数计算得出），窗体页眉中标签标题改为“职员信息一览表”，并设置相关属性使窗体显示职员信息一览表。在窗体页脚创建两个按钮：“打印预览”按钮（名称为 cmdPreview）和“退出”命令按钮（名称为 cmdQuit）。单击“打印预览”按钮，弹出“雇员一览表”报表中职务是“职员”的打印预览窗口。单击“退出”按钮关闭窗体。窗体运行效果如图 6-9 所示。

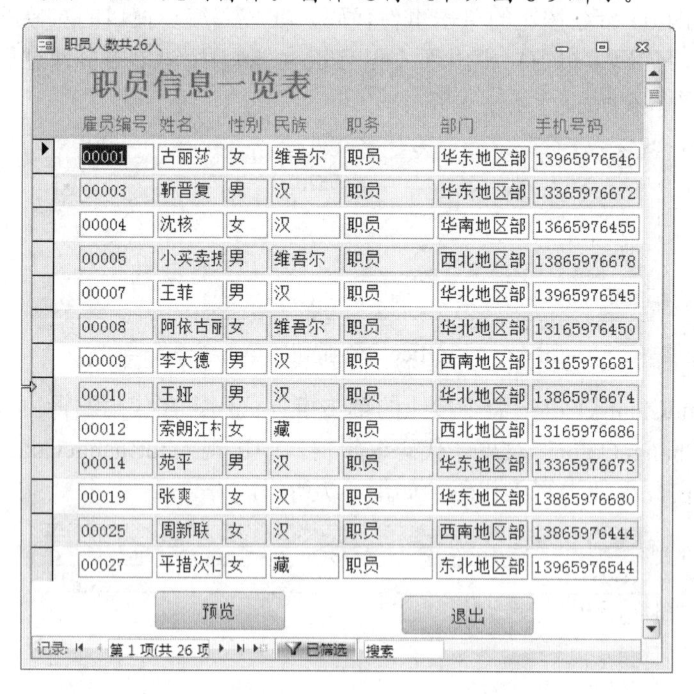

雇员编号	姓名	性别	民族	职务	部门	手机号码
00001	古丽莎	女	维吾尔	职员	华东地区部	13965976546
00003	靳晋复	男	汉	职员	华东地区部	13365976672
00004	沈核	女	汉	职员	华南地区部	13665976455
00005	小买卖提	男	维吾尔	职员	西北地区部	13865976678
00007	王菲	男	汉	职员	华北地区部	13965976545
00008	阿依古丽	女	维吾尔	职员	华北地区部	13165976450
00009	李大德	男	汉	职员	西南地区部	13165976681
00010	王娅	男	汉	职员	华北地区部	13865976674
00012	索朗江村	女	藏	职员	西北地区部	13165976686
00014	苑平	男	汉	职员	华东地区部	13365976673
00019	张爽	女	汉	职员	华东地区部	13865976680
00025	周新联	女	汉	职员	西南地区部	13865976444
00027	平措次仁	女	藏	职员	东北地区部	13965976544

图 6-9　“职员信息一览表”窗体

【操作步骤】

1）打开“图书订单管理”数据库，在导航窗格中右击“雇员信息一览窗体”，在弹出的快捷菜单中选择“设计视图”命令，进入窗体设计视图。

2）选择“设计”（工具）→“查看代码”命令，在弹出的代码编辑窗口的对象下拉列表框中选择“Form”对象，在代码编辑窗口中的 Form_Load()窗体加载事件过程中写入代码，如图 6-10 所示。

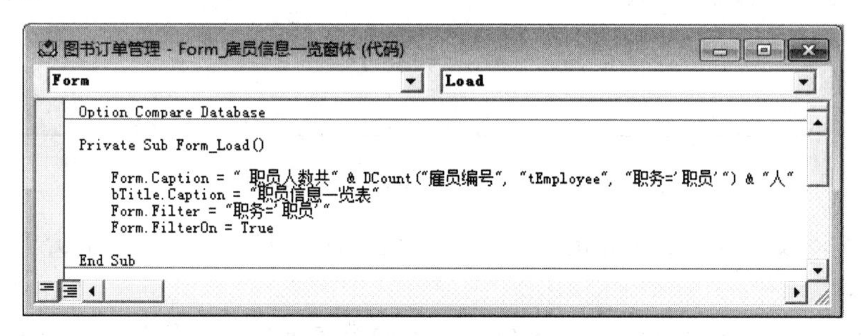

图 6-10　窗体加载事件代码

3）返回窗体设计视图，在窗体空白处右击，在弹出的快捷菜单中选择“窗体页眉/页脚”命令，显示出窗体页眉节和窗体页脚节，如图 6-11 所示。

图 6-11　窗体快捷菜单

4）添加“打印预览”命令按钮。选择“设计”（控件）→“按钮”命令，在窗体页脚节空白处单击，弹出“命令按钮向导”对话框，单击“取消”按钮，选择“设计”（工具）→“属性表”命令，打开“属性表”窗格，设置按钮名称为“cmdPreview”，设置标题为“打印”。

5）编写 cmdPreview 命令按钮的单击事件代码。在代码编辑窗口的对象下拉列表框中选择“cmdPreview”对象，代码编辑窗口中出现 cmdPreview_Click()按钮单击事件过程框架，在此框架中写入代码，如图 6-12 所示。

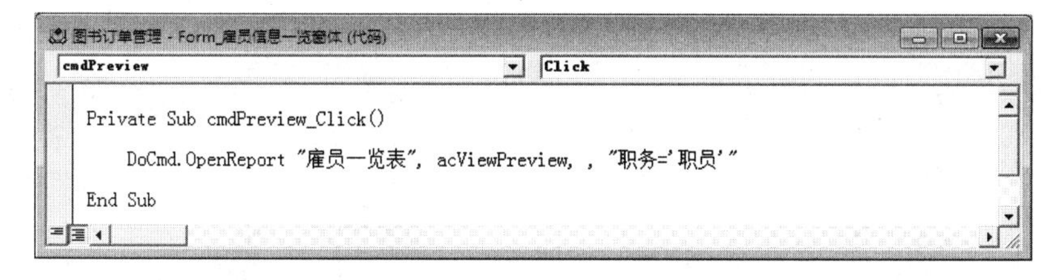

图 6-12　cmdPreview 命令按钮的单击事件代码

6）添加“退出”命令按钮。选择“设计”（控件）→“按钮”命令，在窗体页脚节空白处单击，弹出“命令按钮向导”对话框，单击“取消”按钮，在“属性表”窗格中设置按钮名称为“cmdQuit”，设置标题为“退出”。

7）编写 cmdQuit 命令按钮的单击事件代码。在代码编辑窗口的对象下拉列表框中选择"cmdQuit"对象，代码编辑窗口中出现 cmdQuit_Click()按钮单击事件过程框架，在此框架中写入代码，如图 6-13 所示。

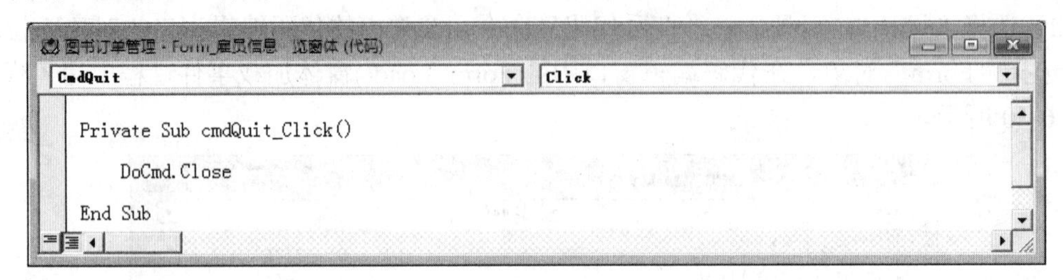

图 6-13 cmdQuit 命令按钮的单击事件代码

8）单击窗体设计视图右上角的"关闭"按钮，在弹出的对话框中单击"是"按钮，保存并关闭窗体。

实验任务 3 创建一个窗体，在窗体中创建两个文本框（名称分别为 tUser 和 tPass），对应伴随标签控件标题分别为"用户名:"和"密码:"，创建标题为"确定"（名称为 cmdEnter）和"退出"（名称为 cmdQuit）两个命令按钮。窗体功能为：在输入用户名和密码后，单击"确定"按钮，程序将对用户输入的内容进行判断，如果输入的用户名为"abc"，密码为"123"，则显示消息框，消息框标题为"欢迎"，内容为"密码输入正确，打开报表!"，单击"确定"按钮后打开"雇员一览表"报表；若输入不正确，则消息框显示"密码错误!"，同时清除 tUser 和 tPass 两个文本框的内容，并将光标移至 tUser 文本框中。在单击"退出"按钮后，关闭窗体。窗体命名为"fSys"，窗体界面如图 6-14 所示。

【操作步骤】

1）打开"图书订单管理"数据库，选择"创建"（窗体）→"窗体设计"命令，进入窗体设计视图。

2）设置窗体的属性。选择"设计"（工具）→"属性表"命令，打开"属性表"窗格，在其中选择窗体对象，设置记录选择器为"否"，导航按钮为"否"，滚动条为"两者均无"，如图 6-15 所示。

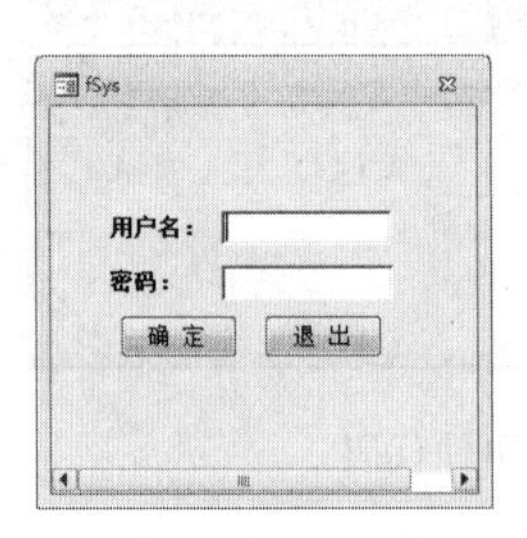

图 6-14 fSys 窗体

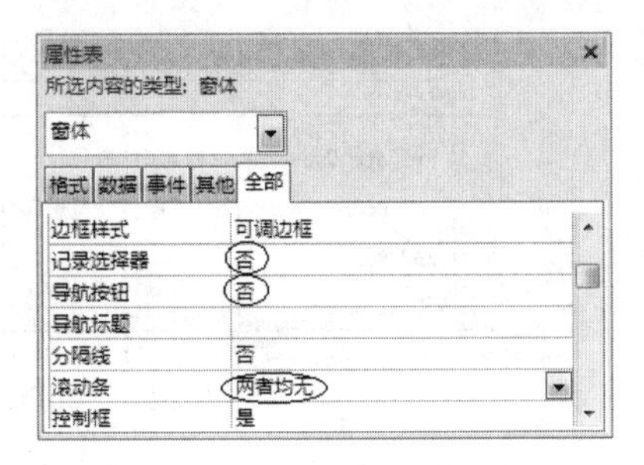

图 6-15 "属性表"窗格

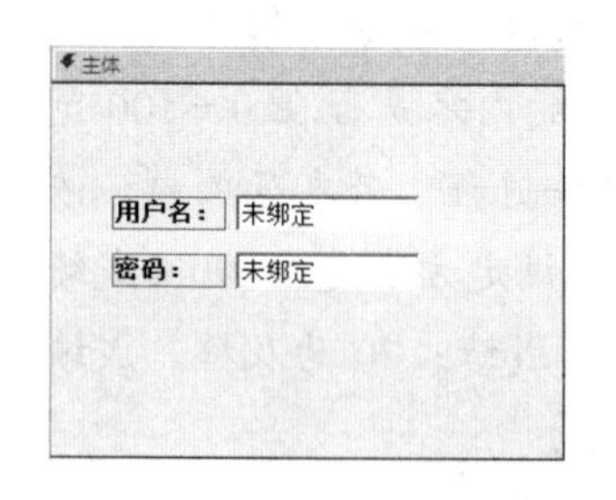

图6-16 窗体设计视图

3）向窗体添加文本框控件。选择“设计”（控件）→“文本框”命令，然后在窗体中单击，在弹出的对话框中单击“取消”按钮，在“属性表”窗格中设置名称为“tUser”；选择其伴随标签控件，设置标题为“用户名：”。

4）用同样的方法向窗体添加另一个文本框控件，并设置其名称为“tPass”；选择其伴随标签控件，设置标题为“密码：”，如图6-16所示。

5）向窗体添加命令按钮控件。选择“设计”（控件）→“按钮”命令，在窗体空白处单击，弹出“命令按钮向导”对话框，单击“取消”按钮，在“属性表”窗格中设置名称为“cmdEnter”，设置标题为“确定”。用同样的方式添加第二个命令按钮，设置名称为“cmdQuit”，设置标题为“退出”。

6）编写命令按钮的单击事件代码。右击cmdEnter命令按钮，在弹出的快捷菜单中选择“事件生成器”命令，在弹出的对话框中选择“代码生成器”选项，单击“确定”按钮，在代码编辑窗口cmdEnter_Click()按钮单击事件过程框架内写入代码，如图6-17所示。

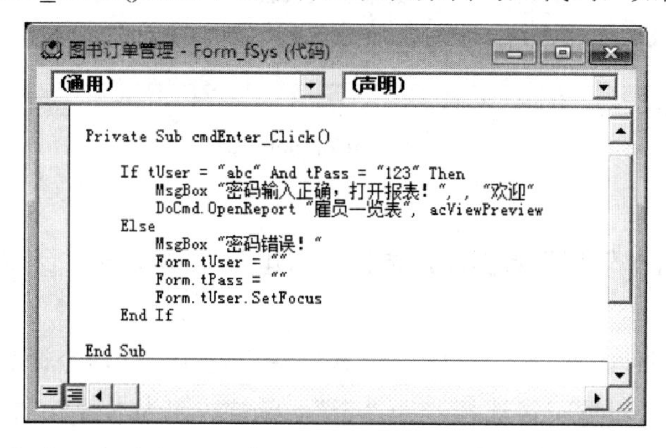

图6-17 cmdEnter_Click()事件代码编辑窗口

7）在代码编辑窗口的对象下拉列表框中选择“cmdQuit”对象，代码编辑窗口中出现cmdQuit_Click()按钮单击事件过程框架，在此框架中写入代码，如图6-18所示。

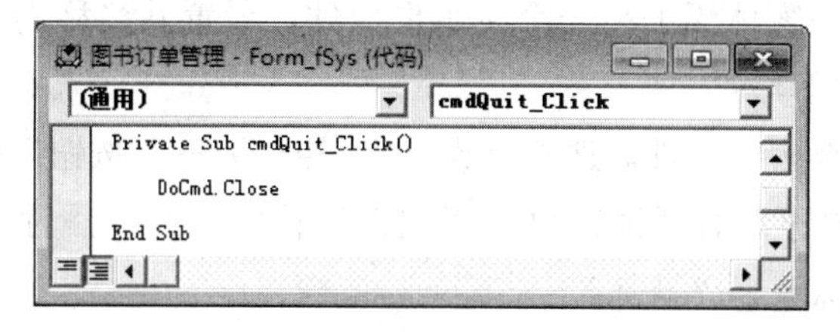

图6-18 cmdQuit_Click()事件代码编辑窗口

8）单击快速访问工具栏中的“保存”按钮，弹出“另存为”对话框，输入窗体名称“fSys”，单击“确定”按钮。

实验任务4 创建一个窗体，在窗体中创建两个文本框（名称分别为txt1和txt2），对应伴随标签控件标题分别为"输入分数:"和"等级:";创建一个"计算"命令按钮(名称为cmdCompute)。窗体功能为:单击"计算"按钮,判断txt1文本框的内容是否在0~100范围内,如不在范围内,弹出消息框"输入数据有误",然后退出事件过程;若在范围内,依据txt1文本框中的值计算相应等级并显示在txt2文本框中。等级的核定方法是:90≤成绩≤100为优秀,80≤成绩<90为良好,70≤成绩<80为中等,60≤成绩<70为及格,成绩<60为不及格。窗体命名为"fCompute",窗体界面如图6-19所示。

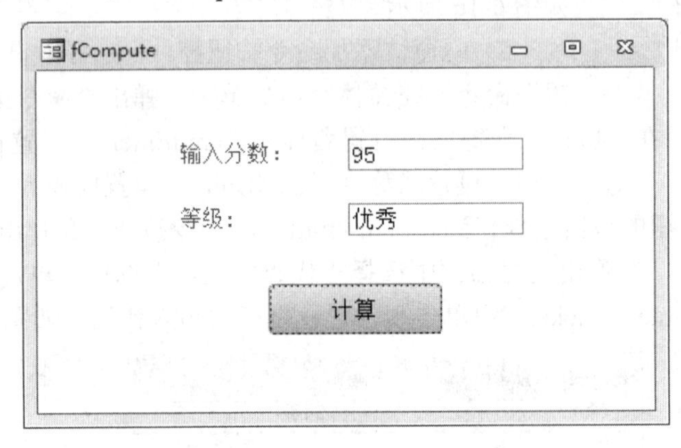

图 6-19　fCompute 窗体

【操作步骤】

1）打开"图书订单管理"数据库，选择"创建"（窗体）→"窗体设计"命令，进入窗体设计视图。

2）设置窗体的属性。选择"设计"（工具）→"属性表"命令，打开"属性表"窗格，在其中选择窗体对象，设置记录选择器为"否"，导航按钮为"否"，滚动条为"两者均无"。

3）向窗体添加文本框控件。选择"设计"（控件）→"文本框"命令，然后在窗体中单击，在弹出的对话框中单击"取消"按钮，在"属性表"窗格中设置名称为"txt1"；选择其伴随标签控件，设置标题为"输入分数:"。

4）用同样的方法向窗体添加另一个文本框控件，设置其名称为"txt2"；选择其伴随标签控件，设置标题为"等级:"。

5）向窗体添加命令按钮控件。选择"设计"（控件）→"按钮"命令，在窗体空白处单击，弹出"命令按钮向导"对话框，单击"取消"按钮，在"属性表"窗格中设置名称为"cmdCompute"，设置标题为"计算"。

6）编写命令按钮的单击事件代码。右击 cmdCompute 命令按钮，在弹出的快捷菜单中选择"事件生成器"命令，在弹出的对话框中选择"代码生成器"选项，单击"确定"按钮，在代码编辑窗口中的 cmdCompute_Click()按钮单击事件过程框架内写入代码，如图 6-20 所示。

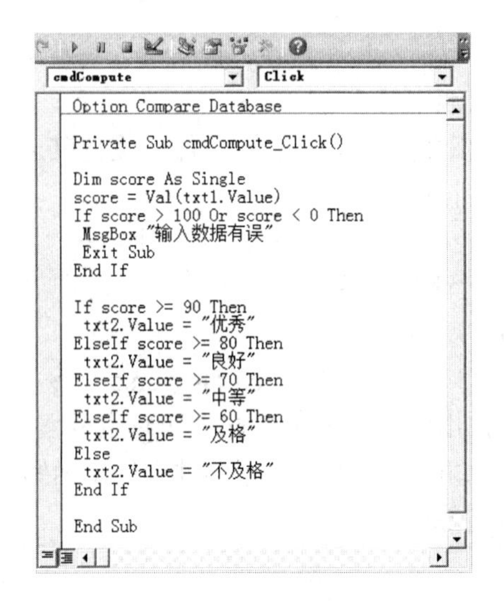

图 6-20 代码编辑窗口

7）单击快速访问工具栏中的“保存”按钮，弹出“另存为”对话框，输入窗体名称“fCompute”，单击“确定”按钮。

实验任务 5 在窗体中创建两个文本框（名称分别为 txt1 和 txt2），对应伴随标签标题分别为“源字符串:”和“反转字符串:”；创建一个标题为“反转”的命令按钮（名称为 cmdReverse）。窗体功能为：单击“反转”按钮，判断 txt1 文本框是否为空，如果为空，则弹出消息框显示“文本框为空!”，如已经输入有内容，将 txt1 文本框中的内容反向显示在 txt2 文本框中。窗体界面如图 6-21 所示。

图 6-21 fReverse 窗体

【操作步骤】

1）打开“图书订单管理”数据库，选择“创建”（窗体）→“窗体设计”命令，进入窗体设计视图。

2）设置窗体属性。选择“设计”（工具）→“属性表”命令，打开“属性表”窗格，在其中选择窗体对象，设置记录选择器为“否”，导航按钮为“否”，滚动条为“两者均无”。

3）向窗体添加文本框控件。选择“设计”（控件）→“文本框”命令，然后在窗体中单击，在弹出的对话框中单击“取消”按钮，在“属性表”窗格中设置名称为“txt1”；选择其伴随标签控件，设置标题为“源字符串:”。

4）用同样的方法向窗体添加另一个文本框控件，设置其名称为“txt2”；选择其伴随标签控件，设置标题为“反转字符串:”。

5）向窗体添加命令按钮控件。选择“设计”（控件）→“按钮”命令，在窗体空白处单击，弹出“命令按钮向导”对话框，单击“取消”按钮，在“属性表”窗格中设置名称为“cmdReverse”，设置标题为“反转”。

6）编写命令按钮的单击事件代码。右击 cmdReverse 命令按钮，在弹出的快捷菜单中选择“事件生成器”命令，在弹出的对话框中选择“代码生成器”选项，单击“确定”按钮，在代码编辑窗口 cmdReverse_Click()按钮单击事件过程框架内写入代码，如图 6-22 所示。

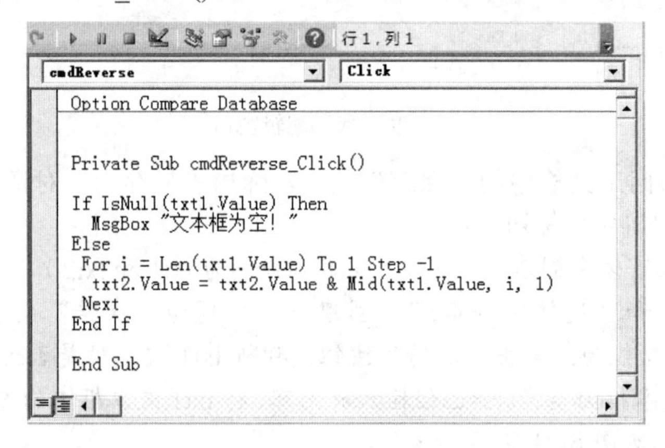

图 6-22 代码编辑窗口

7）单击快速访问工具栏中的“保存”按钮，弹出“另存为”对话框，输入窗体名称“fReverse”，单击“确定”按钮。

实验 2 数据库编程

一、实验目的

学习数据库编程的基本方法。

二、实验内容及步骤

实验任务 通过 DAO 访问数据库。在窗体上创建一个组合框（名称为 comboSex），其伴随标签标题为“性别:”；创建一个“统计”命令按钮（名称为 cmdCount）；创建一个文本框（名称为 txtResult），其伴随标签控件标题为“性别统计结果:”。窗体功能为：在组合框中选择性别，单击“统计”命令按钮，则在文本框中显示出对应男女人数。窗体界面如图 6-23 所示。

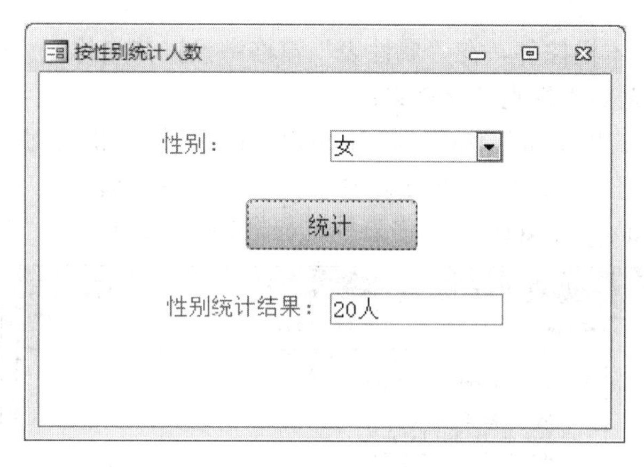

图 6-23　“按性别统计人数”窗体

【操作步骤】

1）打开“图书订单管理”数据库，选择“创建”（窗体）→“窗体设计”命令，进入窗体设计视图。

2）设置窗体属性。选择“设计”（工具）→“属性表”命令，打开“属性表”窗格，在其中选择窗体对象，设置记录选择器为“否”，导航按钮为“否”，滚动条为“两者均无”。

3）向窗体添加组合框控件。选择“设计”（控件）→“组合框”命令，在“组合框向导”对话框中选中“自行键入所需的值”单选按钮，单击“下一步”按钮，在组合框向导确定显示的值界面中输入“男”“女”，如图 6-24 所示。继续单击“下一步”按钮直至完成。

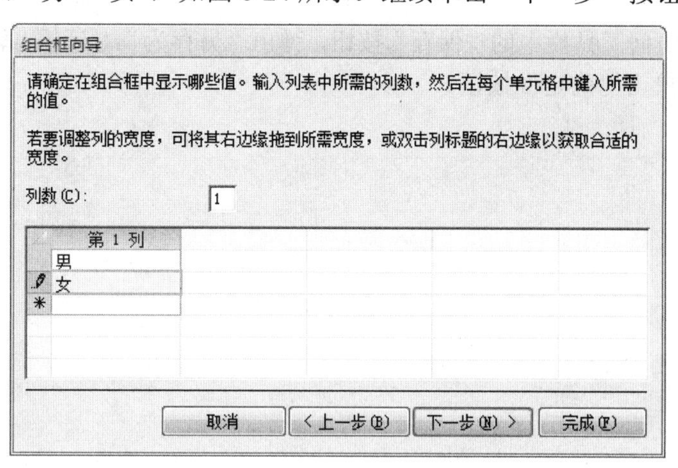

图 6-24　“组合框向导”对话框

4）选中组合框控件，在“属性表”窗格中设置名称为“comboSex”；选择其伴随标签控件，设置标题为“性别：”。

5）向窗体添加命令按钮控件。选择“设计”（控件）→“按钮”命令，在窗体空白处单击，弹出“命令按钮向导”对话框，单击“取消”按钮，在“属性表”窗格中设置名称为“cmdCount”，设置标题为“统计”。

6）向窗体添加文本框控件，在“属性表”窗格中设置其名称为“txtResult”；选择其伴随标签控件，设置标题为“性别统计结果：”。

7）编写命令按钮的单击事件代码。右击 cmdCount 命令按钮，在弹出的快捷菜单中选择“事件生成器”命令，在弹出的对话框中选择“代码生成器”选项，单击“确定”按钮，在代码编辑窗口 cmdCount_Click()按钮单击事件过程框架内写入代码，如图 6-25 所示。

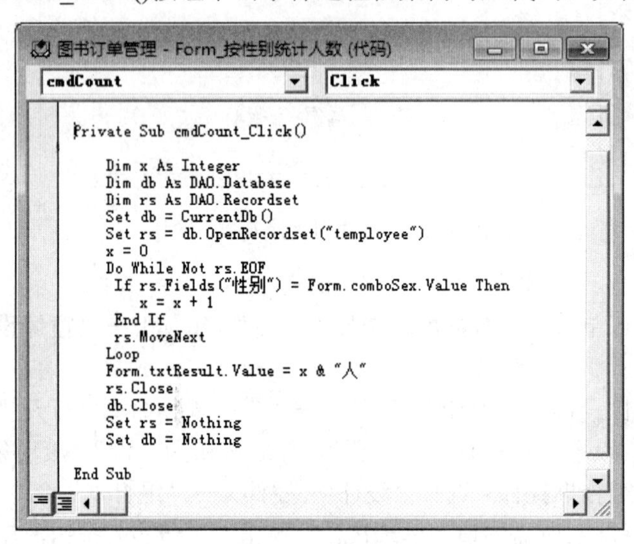

图 6-25　代码编辑窗口

8）单击快速访问工具栏中的“保存”按钮，弹出“另存为”对话框，输入窗体名称“按性别统计人数”，单击“确定”按钮。

第2篇　全国计算机等级考试二级 Access 数据库程序设计介绍

第1章 全国计算机等级考试二级 Access 数据库程序设计考试大纲（2016年版）

1.1　基本要求

1）掌握数据库系统的基础知识。
2）掌握关系数据库的基本原理。
3）掌握数据库程序设计方法。
4）能够使用 Access 建立一个小型数据库应用系统。

1.2　考试内容

1. 数据库基础知识

1）基本概念：数据库、数据模型、数据库管理系统等。
2）关系数据库基本概念：关系模型、关系、元组、属性、字段、域、值、关键字等。
3）关系运算基本概念：选择运算、投影运算、连接运算。
4）SQL 命令：查询命令、操作命令。
5）Access 系统基本概念。

2. 数据库和表的基本操作

1）创建数据库。

2）建立表。

① 建立表结构。

② 字段设置、数据类型及相关属性。

③ 建立表间关系。

3）表的基本操作。

① 向表中输入数据。

② 修改表结构，调整表外观。

③ 编辑表中数据。

④ 表中记录排序。

⑤ 筛选记录。

⑥ 汇总数据。

3. 查询

1）查询基本概念。

① 查询分类。

② 查询条件。

2）选择查询。

3）交叉表查询。

4）生成表查询。

5）删除查询。

6）更新查询。

7）追加查询。

8）结构化查询语言 SQL。

4. 窗体

1）窗体基本概念。

窗体的类型与视图。

2）创建窗体。

窗体中常见控件，窗体和控件的常见属性。

5. 报表

1）报表基本概念。

2）创建报表。

报表中常见控件，报表和控件的常见属性。

6. 宏

1）宏基本概念。

2）事件的基本概念。
3）常见宏操作命令。

7. VBA 编程基础

1）模块基本概念。
2）创建模块。
① 创建 VBA 模块：在模块中加入过程，在模块中执行宏。
② 编写事件过程：键盘事件、鼠标事件、窗口事件、操作事件和其他事件。
3）VBA 编程基础。
① VBA 编程基本概念。
② VBA 流程控制：顺序结构、选择结构、循环结构。
③ VBA 函数/过程调用。
④ VBA 数据文件读写。
⑤ VBA 错误处理和程序调试（设置断点、单步跟踪、设置监视点）窗口。

8. VBA 数据库编程

1）VBA 数据库编程基本概念。
ACE 引擎和数据库编程接口技术数据访问对象（DAO）、ActiveX 数据对象（ADO）。
2）VBA 数据库编程技术。

1.3 考 试 方 式

上机考试，考试时长 120 分钟，满分 100 分。

1. 题型及分值

1）单项选择题 40 分（含公共基础知识部分 10 分）。
2）操作题 60 分（包括基本操作题、简单应用题及综合应用题）。

2. 考试环境

操作系统：中文版 Windows 7。
开发环境：Microsoft Office Access 2010。

第2章 全国计算机等级考试二级Access数据库程序设计模拟试题

2.1 单项选择题

1. 下列数据结构中，属于非线性结构的是（　　）。
   A．循环队列　　B．带链队列　　C．二叉树　　D．带链栈
2. 下列数据结果中，能够按照“先进后出”原则存取数据的是（　　）。
   A．循环队列　　B．栈　　C．队列　　D．二叉树
3. 对于循环队列，下列叙述中正确的是（　　）。
   A．队头指针是固定不变的
   B．队头指针一定大于队尾指针
   C．队头指针一定小于队尾指针
   D．队头指针可以大于队尾指针，也可以小于队尾指针
4. 算法的空间复杂度是指（　　）。
   A．算法在执行过程中所需要的计算机存储空间
   B．算法所处理的数据量
   C．算法程序中的语句或指令条数
   D．算法在执行过程中所需要的临时工作单元数
5. 软件设计中划分模块的一个准则是（　　）。
   A．低内聚低耦合　　B．高内聚低耦合
   C．低内聚高耦合　　D．高内聚高耦合
6. 下列选项中不属于结构化程序设计原则的是（　　）。
   A．可封装　　D．自顶向下　　C．模块化　　D．逐步求精
7. 软件详细设计产生的图（图T-1），该图是（　　）。

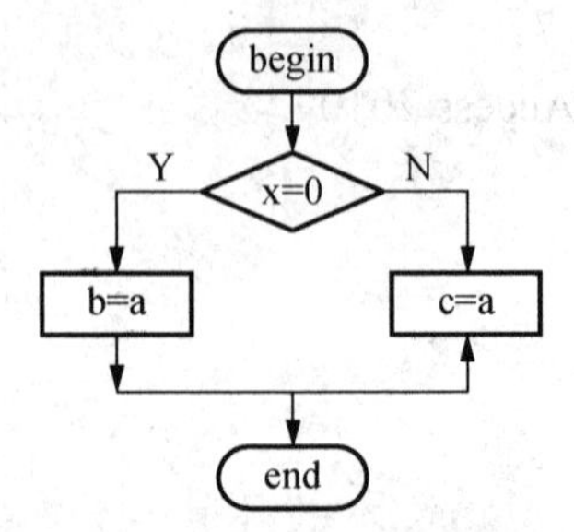

图T-1　软件详细设计产生的图

A．N-S 图　　B．PAD 图　　C．程序流程图　　D．E-R 图

8．数据库管理系统是（　　）。

A．操作系统的一部分　　B．在操作系统支持下的系统软件

C．一种编译系统　　D．一种操作系统

9．在 E-R 图中，用来表示实体联系的图形是（　　）。

A．椭圆形　　B．矩形　　C．菱形　　D．三角形

10．有三个关系 *R*、*S* 和 *T*，如图 T-2 所示。

R

A	*B*	*C*
a	1	2
b	2	1
c	3	1

S

A	*B*	*C*
a	3	2

T

A	*B*	*C*
a	1	2
b	2	1
c	3	1
d	3	2

图 T-2　关系 *R*、*S*、*T*

其中关系 *T* 由关系 *R* 和 *S* 通过某种操作得到，该操作为（　　）。

A．选择　　B．投影　　C．交　　D．并

11．Access 数据库的结构层次是（　　）。

A．数据库管理系统→应用程序→表

B．数据库→数据表→记录→字段

C．数据表→记录→数据项→数据

D．数据表→记录→字段

12．某宾馆中有单人间和双人间两种客房，按照规定，每位入住该宾馆的客人都要进行身份登记。宾馆数据库中有客房信息表（房间号，…）和客人信息表（身份证号，姓名，来源，…）；为了反映客人入住客房的情况，客房信息表与客人信息表之间的联系应设计为（　　）。

A．一对一联系　　B．一对多联系

C．多对多联系　　D．无联系

13．在学生表中要查找所有年龄小于 20 岁且姓王的男生，应采用的关系运算是（　　）。

A．选择　　B．投影　　C．连接　　D．比较

14．在 Access 中，可用于设计输入界面的对象是（　　）。

A．窗体　　B．报表　　C．查询　　D．表

15．下列选项中，不属于 Access 数据类型的是（　　）。

A．数字　　B．文本　　C．报表　　D．时间/日期

16．下列关于 OLE 对象的叙述中，正确的是（　　）。

A．用于输入文本数据　　B．用于处理超链接数据

C．用于生成自动编号数据　　D．用于链接或内嵌 Windows 支持的对象

17. 在关系窗口中，双击两个表之间的连接线，会出现（　　）。

A. 数据表分析向导　　B. 数据关系图窗口

C. 连接线粗细变化　　D. 编辑关系对话框

18. 在设计表时，若输入掩码属性设置为“LLLL”，则能够接收的输入是（　　）。

A. abcd　　B. 1234　　C. AB+C　　D. ABa9

19. 在数据表中筛选记录，操作的结果是（　　）。

A. 将满足筛选条件的记录存入一个新表中

B. 将满足筛选条件的记录追加到一个表中

C. 将满足筛选条件的记录显示在屏幕上

D. 用满足筛选条件的记录修改另一个表中已存在的记录

20. 已知“借阅”表中有 “借阅编号”、“学号”和“借阅图书编号”等字段，每个学生每借阅一本书生成一条记录，要求按学生学号统计出每个学生的借阅次数，下列 SQL 语句中正确的是（　　）。

A. select 学号, count (学号) from 借阅

B. select 学号, count (学号) from 借阅 group by 学号

C. select 学号, sum (学号) from 借阅

D. select 学号, sum (学号) from 借阅 order by 学号

21. 窗体中有 3 个命令按钮，分别命名为 Command1、Command2 和 Command3。当单击 Command1 按钮时，Command2 按钮变为可用，Command3 按钮变为不可见。下列 Command1 的单击事件过程正确的是（　　）。

A. private sub Command1_Click( )
　Command2.Visible = true
　Command3.Visible = false

B. private sub Command1_Click( )
　Command2.Enable = true
　Command3.Enable = false

C. private sub Command1_Click( )
　Command2.Enable = true
　Command3.Visible = false

D. private sub Command1_Click( )
　Command2.Visible = true
　Command3.Enable = false

22. 用于获得字符串 S 最左边 4 个字符的函数是（　　）。

A. Left (S, 4)　　B. Left (S, 1, 4)

C. Leftstr (S, 4)　　D. Leftstr (S, 1, 4)

23. 窗体 Caption 属性的作用是（　　）。

A. 确定窗体的标题　　B. 确定窗体的名称

C．确定窗体的边界类型　　　　　D．确定窗体的字体

24．下列叙述中，错误的是（　　）。

A．宏能够一次完成多个操作

B．可以将多个宏组成一个宏组

C．可以用编程的方法来实现宏

D．宏命令一般由动作名和操作参数组成

25．下列数据类型中，不属于 VBA 的是（　　）。

A．长整型　　B．布尔型　　C．变体型　　D．指针型

26．下列数组声明语句中，正确的是（　　）。

A．Dim A [3,4] As Integer　　　　B．Dim A(3,4) As Integer

C．Dim A [3;4] As Integer　　　　D．Dim A(3;4) As Integer

27．窗体中有一个文本框 Text1，编写事件代码如下：

```
Private Sub Form_Click()
   X= val (Inputbox("输入 x 的值"))
   Y= 1
   If X<>0 Then Y=2
   Text1.Value = Y
End Sub
```

打开窗体运行后，在文本框中输入整数 12，文本框 Text1 中输出的结果是（　　）。

A．1　　B．2　　C．3　　D．4

28．窗体中有一个命令按钮 Command1 和一个文本框 Text1，编写事件代码如下：

```
Private Sub Command1_Click()
   For i = 1 To 4
      x = 3
      For j = 1 To 3
         For k = 1 To 2
            x= x + 3
         Next k
      Next j
      Next i
   Text1.Value = Str(x)
End Sub
```

打开窗体运行后，单击命令按钮，文本框 Text1 中输出的结果是（　　）。

A．6　　B．12　　C．18　　D．21

29．窗体中有一个命令按钮 Command1，编写事件代码如下：

```
Private Sub Command1_Click()
   Dim s As Integer
```

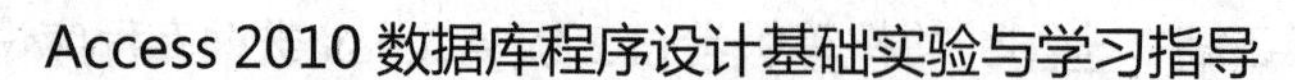

```
    s = p(1) + p(2) + p(3) + p(4)
    debug.Print s
End Sub
Public Function p (N As Integer)
    Dim Sum As Integer
    Sum = 0
    For i = 1 To N
        Sum = Sum + 1
    Next i
    P = Sum
End Function
```

打开窗体运行后，单击命令按钮，输出结果是（　　）。

A．15　　B．20　　C．25　　D．35

30．下列过程的功能是：通过对象变量返回当前窗体的 Recordset 属性记录集引用，消息框中输出记录集的记录（即窗体记录源）个数。

```
Sub GetRecNum()
    Dim rs As Object
    Set rs = Me.Recordset
    MsgBox_______
End Sub
```

程序空白处应填写的是（　　）。

A．Count　　B．rs.Count　　C．RecordCount　　D．rs.RecordCount

31．下列叙述中正确的是（　　）。

A．线性表的链式存储结构与顺序存储结构所需要的存储空间是相同的

B．线性表的链式存储结构所需要的存储空间一般要多于顺序存储结构

C．线性表的链式存储结构所需要的存储空间一般要少于顺序存储结构

D．上述三种说法都不对

32．下列叙述中正确的是（　　）。

A．在栈中，栈中元素随栈底指针与栈顶指针的变化而动态变化

B．在栈中，栈顶指针不变，栈中元素随栈底指针的变化而动态变化

C．在栈中，栈底指针不变，栈中元素随栈顶指针的变化而动态变化

D．上述三种说法都不对

33．软件测试的目的是（　　）。

A．评估软件可靠性　　B．发现并改正程序中的错误

C．改正程序中的错误　　D．发现程序中的错误

34．下列描述中，不属于软件危机表现的是（　　）。

A．软件过程不规范　　B．软件开发生产率低

C．软件质量难以控制　　D．软件成本不断提高

35．软件生命周期是指（　　）。

A．软件产品从提出、实现、使用、维护到停止使用的过程

B．软件从需求分析、设计、实现到测试完成的过程

C．软件的开发过程

D．软件的运行维护过程

36．在面向对象方法中，继承是指（　　）。

A．一组对象所具有的相似性质　　B．一个对象具有另一个对象的性质

C．各对象之间的共同性质　　D．类之间共享属性和操作的机制

37．层次型、网状型和关系型数据库划分原则是（　　）。

A．记录长度　　B．文件的大小

C．联系的复杂程度　　D．数据之间的联系方式

38．一个工作人员可以使用多台计算机，而一台计算机可被多个人使用，则实体工作人员与实体计算机之间的联系是（　　）。

A．一对一　　B．一对多　　C．多对多　　D．多对一

39．数据库设计中反映用户对数据要求的模式是（　　）。

A．内模式　　B．概念模式　　C．外模式　　D．设计模式

40．有 3 个关系 *R*、*S* 和 *T*，如图 T-3 所示。

R

A	*B*	*C*
a	1	2
b	2	1
c	3	1

S

A	*D*
c	4

T

A	*B*	*C*	*D*
c	3	1	4

图 T-3　关系 *R*、*S* 和 *T*

则由关系 *R* 和 *S* 得到关系 *T* 的操作是（　　）。

A．自然连接　　B．交　　C．投影　　D．并

41．在 Access 中要显示“教师表”中姓名和职称的信息，应采用的关系运算是（　　）。

A．选择　　B．投影　　C．连接　　D．关联

42．学校图书馆规定，一名旁听生同时只能借一本书，一名在校生同时可以借 5 本书，一名教师同时可以借 10 本书，在这种情况下，读者与图书之间形成了借阅关系，这种借阅关系是（　　）。

A．一对一联系　　B．一对五联系

C．一对十联系　　D．一对多联系

43．Access 数据库最基本的对象是（　　）。

A．表　　B．宏　　C．报表　　D．查询

44．下列关于货币数据类型的叙述中，错误的是（　　）。

A．货币型字段在数据表中占 8 个字节的存储空间

B．货币型字段可以与数字型数据混合计算，结果为货币型

C．向货币型字段输入数据时，系统自动将其设置为 4 位小数

D．向货币型字段输入数据时，不必输入人民币符号和千位分隔符

45．若将文本型字段的输入掩码设置为“####-######”，则正确的输入数据是（　　）。

A．0755-abcdet　　B．077-12345

C．a cd-123456　　D．####-######

46．如果在查询条件中使用通配符“[]”，其含义是（　　）。

A．错误的使用方法

B．通配不在括号内的任意字符

C．通配任意长度的字符

D．通配方括号内任意单个字符

47．在 SQL 的 SELECT 语句中，用于实现选择运算的子句是（　　）。

A．FOR　　B．IF　　C．WHILE　　D．WHERE

48．在数据表视图中，不能进行的操作是（　　）。

A．删除一条记录　　B．修改字段的类型

C．删除一个字段　　D．修改字段的名称

49．下列表达式中，计算结果为数值类型的是（　　）。

A．#5/5/2010#-#5/1/2010#　　B．"102">"11"

C．102=98+4　　D．#5/1/2010#+5

50．要实现在文本框内输入数据后，按 Enter 键或按 Tab 键，输入焦点立即移至下一指定文本框，应设置（　　）。

A．“制表位”属性　　B．“Tab 键次序”属性

C．“自动 Tab 键”属性　　D．“Enter 键行为”属性

51．要查找成绩≥80 且成绩≤90 的学生，正确的条件表达式是（　　）。

A．成绩 Between 80 And 90　　B．成绩 Between 80 To 90

C．成绩 Between 79 And 91　　D．成绩 Between 79 To 91

52．学生表中有“学号”、“姓名”、“性别”和“入学成绩”等字段。执行如下 SQL 语句后的结果是（　　）。

```
select avg(入学成绩) from 学生表 group by 性别
```

A．计算并显示所有学生的平均入学成绩

B．计算并显示所有学生的性别和平均入学成绩

C．按性别顺序计算并显示所有学生的平均入学成绩

D．按性别分组计算并显示不同性别学生的平均入学成绩

53. 若“销售总数”窗体中有“订货总数”文本框控件，能够正确引用控件值的是（　　）。

A．Forms.[销售总数].[订货总数]　　B．Forms![销售总数 l.[订货总数]

C．Forms.[销售总数]![订货总数]　　D．Forms![销售总数]![订货总数]

54. 因修改文本框中的数据而触发的事件是（　　）。

A．Change　　B．Edit　　C．Getfocus　　D．LostFocus

55. 在报表中，要计算“数学”字段的最低分，应将控件的“控件来源”属性设置为（　　）。

A．=Min([数学])　　B．=Min(数学)

C．=Min[数学]　　D．Min(数学)

56. 要将一个数字字符串转换成对应的数值，应使用的函数是（　　）。

A．Val　　B．Single　　C．Asc　　D．Space

57. 下列变量名中，合法的是（　　）。

A．4A　　B．A-1　　C．ABC_1　　D．private

58. 若变量 i 的初值为 8，则下列循环语句中循环体的执行次数为（　　）。

```
Do While i<=17
   i=i+2
Loop
```

A．3 次　　B．4 次　　C．5 次　　D．6 次

59. InputBox 函数的返回值类型是（　　）。

A．数值　　B．字符串　　C．变体　　D．视输入的数据而定

60. 下列能够交换变量 X 和 Y 值的程序段是（　　）。

A．Y=X:X=Y　　B．Z=X:Y=Z:X=Y

C．Z=X:X=Y:Y=Z　　D．Z=X:W=Y:Y=Z:X=Y

61. 窗体中有一个命令按钮 Command1，编写事件代码如下：

```
Public Function f(x As Integer) As Integer
    Dim y As Integer
    x=20
    y=2
    f=x*y
End Function
Private Sub Command1_Click()
    Dim y As Integer
    Static x As Integer
    x=10
    y=5
    y=f(x)
    Debug.Print x;y
End Sub
```

打开窗体运行后，单击命令按钮，输出结果是（　　）。

A．10 5　　B．10 40　　C．20 5　　D．20 40

62．窗体中有一个命令按钮 Command1 和一个文本框 Text1，编写事件代码如下：

```
Function result(ByVal x As Integer)As Boolean
    If x Mod 2=0 Then
       result=True
    Else
       result=False
    End If
End Function
Private Sub Command1_Click()
    x=Val(InputBox("请输入一个整数"))
    If ______ Then
       Text1=Str(x)&"是偶数."
    Else
       Text1=Str(x)&"是奇数."
    End  If
End Sub
```

打开窗体运行后，单击命令按钮，输入 19，Text1 中会显示“19 是奇数”，那么在程序的空白处应填写（　　）。

A．result(x)="偶数"　　B．result(x)

C．result(x)="奇数"　　D．NOT result(x)

63．窗体中有一个命令按钮 run34，编写事件代码如下：

```
Private Sub run34_Enter()
    Dim num As Integer,a As Integer,b As Integer,i As Integer
    For i=1 To 10
       num=InputBox("请输入数据:", "输入")
       If Int(num/2）=num/2 Then
          a=a+1
       Else
          b=b+1
       End If
    Next i
    MsgBox("运行结果:a="Str(a)&",b="&Str(b))
End Sub
```

运行以上事件过程，所完成的功能是（　　）。

A．对输入的 10 个数据求累加和

B．对输入的10个数据求各自的余数，然后再进行累加

C．对输入的10个数据分别统计奇数和偶数的个数

D．对输入的10个数据分别统计整数和非整数的个数

64．运行下列程序，输入数据8、9、3、0后，窗体中显示的结果是（　　）。

```
Private Sub Form _click()
   Dim sum As Integer,m As Integer
   sum=0
   Do
      m=InputBox("输入m")
      sum=sum+m
   Loop Until m=0
   MsgBox sum
End Sub
```

A．0　　B．17　　C．20　　D．21

65．以下程序的输出结果是（　　）。

```
Public Sub qqq()
     Dim i As Integer
     For i = 1 To 10
       Debug.Print i
     Next
End Sub
```

A．1，2，3，4，5，6，7，8，9，10

B．1

C．2，3，4，5，6，7，8，9，10

D．1，2，3，4，5，6，7，8，9

66．字符判断程序段如下（假定模块首部设置了Option Compare Binary）：

```
Dim C1 As String
C1 = InputBox("请输入一个字符:", "输入数据", "")
If  Len(Trim(C1)) = 0 Then C1 = Space(1)
If  Len(C1) > 1 Then C1 = Left(C1, 1)
Select Case  C1
    Case " "
       MsgBox ("输入了空格符")
    Case "0" To "9"
       MsgBox ("输入了数字")
    Case "A", "B" To "Y", Is = "Z"
       MsgBox ("输入了大写字母")
```

```
    Case "a" To "z"
        MsgBox ("输入了小写字母")
    Case Else
        MsgBox ("输入了其他字符")
End Select
```

当输入字符“Z”时，输出结果是（　　）。

A. 输入了大写字母　　B. 输入了小写字母

C. 输入了其他字符　　D. 输入了数字

67. 以下程序段是计算 1+3+5+…+ 199 的和，请问 m 的值是（　　）。

```
Dim n As Integer, s As Long
s = 0
For n = 1 To m
    s = s + 2 * n - 1
Next
MsgBox (Str(s))
```

A. 199　　B. 99　　C. 100　　D. 200

68. 计算 100 个自然数之和的程序如下，For 循环的步长是（　　）。

```
Public Sub qq( )
a = 0
    For b = 1 To 100
        a = a + b
    Next
    MsgBox (a)
End Sub
```

A. 1　　B. 2　　C. 3　　D. 4

69. 在以下程序运行时，输入 5，输出结果是（　　）。

```
Public Sub 主程序()
    jg = 1
    x = Val(InputBox("input num"))
    Call nn(x, jg)
    MsgBox (jg)
End Sub
Public Sub nn(js, jg)
   y = 1
   x = js
   Do While y <= x
         jg = jg * js
```

```
        y = y + 1
        js = js - 1
    Loop
End Sub
```

A．5的阶乘　　B．1到5的和　　C．4的阶乘　　D．1到4的和

参考答案

1～5　CBDAB　　6～10　ACBCD　　11～15　BBAAC　　16～20　DDACB
21～25　CAAAD　　26～30　BBDBD　　31～35　BCDAA　　36～40　DDCCA
41～45　BDACB　　46～50　DDBAB　　51～55　ADDAA　　56～60　ACCBC
61～65　DBCCA　　66～69　ACAA

2.2　操　作　题

模拟试题（一）

1．基本操作题

“实验素材”文件夹中有一个数据库文件samp1.accdb，其中已建立了两个表对象（名为“员工表”和“部门表”）。请按以下要求，完成表的各种操作。

1）将“员工表”的行高设为15。

2）设置表对象“员工表”的年龄字段有效性规则：大于18且小于65（不含18和65）；同时设置相应有效性文本为“请输入有效年龄”。

3）在表对象“员工表”的“年龄”和“职务”两字段之间新增一个字段，字段名称为“密码”，数据类型为文本，字段大小为6。同时，要求设置输入掩码使其以星号方式（密码）显示。

4）冻结员工表中的“姓名”字段。

5）将表对象“员工表”数据导出到“实验素材”文件夹下，以文本文件形式保存，命名为Test.txt。

要求：第一行包含字段名称，各数据项间以分号分隔。

6）建立表对象“员工表”和“部门表”的表间关系，实施参照完整性。

2．简单应用题

“实验素材”文件夹中有一个数据库文件samp2.accdb，其中已经设计好三个关联表对象tStud、tCourse和tScore及一个临时表对象tTemp。请按以下要求完成设计。

1）创建一个查询，查找并显示入校时间非空的男同学的“学号”、“姓名”和“所属院系”三个字段的内容，将查询命名为“qT1”。

2）创建一个查询，查找选课学生的“姓名”和“课程名”两个字段的内容，将查询命

名为“qT2”。

3）创建一个交叉表查询，以学生性别为行标题，以所属院系为列标题，统计男女学生在各院系的平均年龄，所建查询命名为“qT3”。

4）创建一个查询，将临时表对象 tTemp 中年龄为偶数的人员的“简历”字段清空，所建查询命名为“qT4”。

3. 综合应用题

“实验素材”文件夹中有一个数据库文件 samp3.accdb，其中已经设计了表对象 tEmp、窗体对象 fEmp、宏对象 mEmp 和报表对象 rEmp。同时，给出窗体对象 fEmp 的“加载”事件和“预览”及“打印”两个命令按钮的单击事件代码，请按以下功能要求补充设计。

1）将窗体 fEmp 上的标签 bTitle 以“特殊效果：阴影”显示。

2）已知窗体 fEmp 上的三个命令按钮中，按钮 bt1 和 bt3 的大小一致且左对齐。现要求在不更改 bt1 和 bt3 大小和位置的基础上，调整按钮 bt2 的大小和位置，使其大小与 bt1 和 bt3 相同，在水平方向左对齐 btl 和 bt3，竖直方向在 bt1 和 bt3 之间的位置。

3）在窗体 fEmp 的“加载”事件中设置标签 bTitle 以红色文本显示；单击“预览”按钮（名为 btl）或“打印”按钮（名为 bt2），事件过程传递参数调用同一个用户自定义代码（mdPnt）过程，实现报表预览或打印输出；单击“退出”按钮（名为 bt3），调用设计好的宏 mEmp，以关闭窗体。

4）将报表对象 rEmp 的记录源属性设置为表对象 tEmp。

注意：不要修改数据库中的表对象 tEmp 和宏对象 mEmp；不要修改窗体对象 iEmp 和报表对象 rEmp 中未涉及的控件和属性。

程序代码只允许在“*****Add*****”与“*****Add*****”之间的空行内补充一行语句完成设计，不允许增删和修改其他位置已存在的语句。

模拟试题（二）

1. 基本操作题

“实验素材”文件夹下的 samp1.accdb 数据库文件中已建立了两个表对象（名为“员工表”和“部门表”）、一个窗体对象（名为 fTest）和一个宏对象（名为 mTest）。请按以下要求，按顺序完成对象的各种操作。

1）删除表对象“员工表”的“照片”字段。

2）设置表对象“员工表”的“年龄”字段有效性规则：大于 l6 且小于 65（不含 l6 和 65）；同时设置相应有效性文本为“请输入合适年龄”。

3）设置表对象“员工表”的“聘用时间”字段的默认值为系统当前日期。

4）删除表对象“员工表”和“部门表”之间已建立的错误表间关系，重新建立正确的关系。

5）设置相关属性，实现窗体对象（名为 fFest）上的记录数据不允许添加的操作（消除新记录行）。

6）将宏对象（名为 reTest）重命名为可自动运行的宏。

2. 简单应用题

“实验素材”文件夹下有一个数据库文件 samp2.accdb，其中已经设计好三个关联表对象 tCourse、tGrade、tStudent 和一个空表 tTemp，请按以下要求完成设计。

1）创建一个查询，查找并显示含有不及格成绩学生的“姓名”、“课程名”和“成绩”三个字段的内容，所建查询命名为“qT1”。

2）创建一个查询，计算每名学生的平均成绩，并按平均成绩降序依次显示“姓名”、“政治面貌”、“毕业学校”和“平均成绩”四个字段的内容，所建查询命名为“qT2”。

假设：所用表中无重名。

3）创建一个查询，统计每班每门课程的平均成绩（取整数），显示结果如图 T-4 所示，所建查询命名为“qT3”。

qt3

班级	高等数学	计算机原理	专业英语
991021	68	73	80
991022	73	73	77
991023	73	77	72

图 T-4　查询结果

4）创建一个查询，将男学生的“班级”、“学号”、“性别”、“课程名”和“成绩”等信息追加到 tTemp 表的对应字段中，所建查询命名为“qT4”。

3. 综合应用题

“实验素材”文件夹下有一个数据库文件 samp3.accdb，其中已经设计了表对象 tEmp、窗体对象 fEmp、报表对象 rEmp 和宏对象 mEmp。同时，给出了窗体对象 fEmp 上的一个按钮的单击事件代码，请按以下功能要求补充设计。

1）设置窗体对象 fEmp 上两个命令按钮的 Tab 键次序为从“报表输出”按钮（名为 bt1）到“退出”按钮（名为 bt2）。

2）调整窗体对象 fEmp 上的“退出”按钮（名为 bt2）的大小和位置，要求大小与“报表输出”按钮（名为 bt1）一致，且上边对齐“报表输出”按钮，左边距离“报表输出”按钮 lcm（bt2 按钮的左边距离 btl 按钮的右边 lcm）。

3）将报表记录数据按照先“姓名”升序，再按“年龄”降序排列显示；设置相关属性，将页面页脚区域内名为 tPage 的文本框控件实现以“第 N 页 / 共 M 页”的形式显示。

4）单击“报表输出”按钮（名为 bt1），事件代码会弹出如图 T-5 所示的消息框，选择是否预览报表 rEmp；单击“退出”按钮（名为 bt2），调用设计好的宏 mEmp 以关闭窗体。

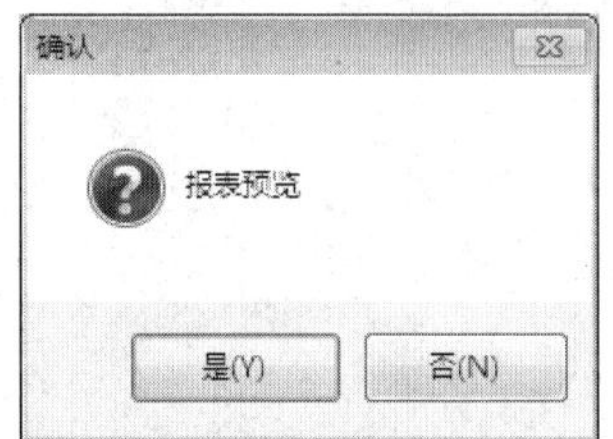

图 T-5　消息框

注意：不要修改数据库中的表对象 tEmp；不要修改窗体对象 fEmp 和报表对象 rEmp 中未涉及的控件和属性。

程序代码只允许在“*****Add*****”与“*****Add*****”之间的空行内补充一行语句完成设计，不允许增删和修改其他位置已存在的语句。

附　　录

附录 A 数据结构与算法

用计算机解决实际问题，需要编写程序。一个程序应包括两个方面：一是对数据的描述，即在程序中要指定数据的类型和数据的组织形式，也就是数据结构（Data Structure）；二是对操作的描述，即操作步骤，也就是算法（Algorithm）。这就是著名计算机科学家沃思（Nikiklaus Wirth）提出的一个公式：程序=数据结构+算法。

A.1　算　　法

用计算机解决实际问题，首先要给出解决问题的算法，然后根据算法编写程序。算法设计是程序设计的基础。

A.1.1　算法的基本概念

1. 算法的定义

算法是指解题方案的准确而完整的描述。对于一个实际问题来说，如果编写一个计算机程序，并使其在有限的存储空间内运行有限的时间而得到正确的结果，则称这个问题是算法可解的。

2. 算法的基本特征

一般来说，一个算法应该具有以下几个基本特征。

（1）有穷性（Finiteness）

一个算法应包含有限的操作步骤，而不能是无限的。算法的有穷性包括合理的执行时间及有限的存储空间。因为一个算法需要无穷大的时间执行就意味着该算法永远得不到计算结果。同样，算法执行时如果需要无限的空间，则该算法不可能找到合适的运行环境。

（2）确定性（Definiteness）

算法中的操作都应是确定的，而不是含糊、模棱两可的。算法中的每一个步骤应当不被解释成不同的含义，而应是十分明确无误的。

（3）可行性（Effectiveness）

一个算法应该可以有效地执行，即算法描述的每一步都可通过已实现的基本运算执行有限次来完成。

（4）输入（Input）

所谓输入是指在执行算法时需要从外界取得必要的信息。算法可以有输入，也可以没有输入。

（5）输出（Output）

算法的目的是求解，“解”就是输出。一个算法可以有一个或多个输出。没有输出的算法是没有意义的。

A.1.2 算法的复杂度

设计算法需要考虑执行算法所耗费的时间和存储空间，这就是算法的复杂度，包括时间复杂度和空间复杂度。

1. 算法的时间复杂度

算法的时间复杂度是指执行算法所需要的计算工作量。在度量一个算法的工作量时，不仅应该与所使用的计算机、程序设计语言无关，还应该与算法实现过程中的许多细节无关。算法的工作量可以用算法在执行过程中所需要的基本运算的执行次数来度量。例如，在考虑两个矩阵相乘时，可以将两个实数之间的乘法运算作为基本运算，而对于所用的加法（或减法）运算忽略不计，这是因为加法和减法需要的运算时间比乘法和除法少得多。又如，当需要在一个表中查找数据时，可以将两个数据之间的比较作为基本运算。算法所执行的基本运算次数还与问题的规模有关。例如，两个 10 阶矩阵相乘与两个 5 阶矩阵相乘所需要的基本运算（即两个实数的乘法）次数是不同的，前者需要更多的运算次数。因此，在分析算法的工作量时，还必须对问题的规模进行度量。

算法的时间复杂度可表示为

$$T(n)=O(f(n))$$

式中，O 表示数量级；n 表示问题的规模；$f(n)$表示算法的工作量。

上式表明算法的基本运算次数 $T(n)$是问题规模 n 的函数，并且 $T(n)$的增长率与 $f(n)$的增长率相同，$T(n)$是 $f(n)$的同阶无穷大。

例如，两个 n 阶矩阵相乘所需要的基本运算（即两个实数的乘法）次数为 n^3，即时间复杂度为 $T(n)=O(n^3)$。

在某些情况下，算法执行的基本运算次数还与输入数据有关，此时可以从平均性态、最坏情况来进行分析。平均性态（Average Behavior）是指在各种特定输入下的基本运算的加权平均值。最坏情况（Worst-Case）是指在规模为 n 时所执行的基本运算的最大次数。

【例 A-1】用顺序搜索法在长度为 n 的一维数组中查找值为 x 的元素。即从数组的第一个元素开始，依次与被查值 x 进行比较。基本运算为 x 与数组元素的比较。

先考虑平均性态分析。如果 x 是数组中的第 1 个元素，则比较 1 次即可；如果 x 是数组的第 2 个元素，则需比较 2 次；以此类推，如果 x 是数组的第 n 个元素或不在数组中，则需比较 n 次。算法的平均性态复杂度为：

$$\frac{1+2+\cdots+n}{n}=\frac{n+1}{2}，即 T(n)=O\left(\frac{n+1}{2}\right)$$

从上面的分析中可立即得到算法的最坏情况复杂度为 n，即 $T(n)=O(n)$。

2. 算法的空间复杂度

算法的空间复杂度是指执行算法所需要的存储空间。类似于算法的时间复杂度，空间复杂度作为算法所需存储空间的度量。一个算法所占用的存储空间包括算法程序所占用的空间、输入的初始数据所占用的存储空间以及算法执行过程中所需要的额外空间。其中额外空间包括算法程序执行过程中的工作单元及某种数据结构所需要的附加存储空间（例如，在链式结构中，除了要存储数据本身外，还需要存储链接信息）。

设计一个算法时，既要考虑执行该算法的执行速度快（时间复杂度小），又要考虑该算法所需的存储空间小（空间复杂度小），这常常是一个矛盾，很难兼顾，应根据实际需要而有所侧重。

A.2　数据结构简介

在利用计算机进行数据处理时，需要处理的数据元素一般很多，并且需要将这些数据元素都存放在计算机中。因此，大量的数据元素如何在计算机中存放，以提高数据处理的效率、节省存储空间，这是数据处理的关键问题。数据结构主要研究以下三个问题：

1）数据集合中各数据元素之间所固有的逻辑关系，即数据的逻辑结构（Logical Structure）。

2）在对数据进行处理时，各数据元素在计算机中的存储关系，即数据的存储结构（Storage Structure）。

3）对各种数据结构进行的运算。

讨论上述问题的主要目的是提高数据处理的效率，这包括提高数据处理的速度和节省数据处理所占用的存储空间。

本节主要讨论一些常用的基本数据结构，它们是软件设计的基础。

A.2.1　数据结构的概念

数据（Data）是指计算机可以保存和处理的数字、字母和符号等。数据元素（Data Element）是数据的基本单位，即数据集合中的个体。有时也把数据元素称作结点、记录等。实际问题中的各数据元素之间总是相互关联的。数据处理是指对数据集合中的各元素以各种方式进行运算，包括插入、删除、查找、更改等运算，也包括对数据元素进行统计分析等数学运算。在数据处理领域，人们最感兴趣的是数据集合中各数据元素之间存在什么关系，应如何组织它们，即如何表示所需要处理的数据元素。

数据结构是指相互关联的数据元素的集合。例如，向量和矩阵就是数据结构，在这两种数据结构中，数据元素之间有着位置上的关系。又如，图书馆中的图书卡片目录则是一个较为复杂的数据结构，写在卡片上的各种图书之间，可能在主题、作者等内容上相互关联。

数据元素的含义非常广泛，现实世界中存在的一切实体都可以用数据元素表示。例如，描述一年四季的季节名“春”“夏”“秋”“冬”，可以作为季节的数据元素；表示数值的各个数据，如 26、56、65、73，可以作为数值的数据元素；表示家庭成员的名称“父亲”“儿子”“女儿”，可以作为家庭成员的数据元素。

在数据处理中，通常将数据元素之间所固有的某种关系（即联系）用前后件关系（或直接前驱与直接后继关系）来描述。例如，在考虑一年中的四个季节的顺序关系时，则“春”是“夏”的前件，而“夏”是“春”的后件。同样，“夏”是“秋”的前件，“秋”是“夏”的后件；“秋”是“冬”的前件，“冬”是“秋”的后件。一般来说，数据元素之间的任何关系都可以用前后件关系来描述。

1. *数据的逻辑结构*

数据的逻辑结构是指数据之间的逻辑关系，与它们在计算机中的存储位置无关。数据的逻辑结构有两个基本要素：

1）数据集合，通常记为 D。

2）各数据元素之间的前后件关系，通常记为 R。

一个数据结构可以表示成 $B=(D,R)$，其中 B 表示数据结构。为了表示出 D 中各数据元素之间的前后件关系，一般用二元组来表示。例如，假设 a 与 b 是 D 中的两个数据元素，则二元组(a,b)表示 a 是 b 的前件，b 是 a 的后件。

【例 A-2】一年四季的数据结构可以表示成：

$B=(D,R)$

D={春,夏,秋,冬}

R={(春,夏),(夏,秋),(秋,冬)}

【例 A-3】家庭成员数据结构可以表示成：

$B=(D,R)$

D={父亲,儿子,女儿}

R={(父亲,儿子),(父亲,女儿)}

2. *数据的存储结构*

数据的逻辑结构是从逻辑上来描述数据元素之间的关系的，它独立于计算机。然而，研究数据结构的目的是在计算机中实现对它的处理，因此还要研究数据元素及其相互关系是如何在计算机中表示和存储的，也就是数据的存储结构。数据的存储结构应包括数据元素自身值的存储表示和数据元素之间关系的存储表示两个方面。在实际进行数据处理时，被处理的各数据元素在计算机存储空间中的位置关系与它们的逻辑关系不一定是相同的。例如，在家庭成员的数据结构中，“儿子”和“女儿”都是“父亲”的后件，但在计算机存储空间中，不一定将“儿子”和“女儿”这两个数据元素都紧邻存放在“父亲”这个数据元素的后面。

由于数据元素在计算机存储空间中的位置关系可能与逻辑关系不同，因此，为了表示存放在计算机存储空间中的各数据元素之间的逻辑关系（即前后件关系），在数据的存储结构中，不仅要存放各数据元素的信息，还需要存放各数据元素之间的前后件关系的信息。实际上，一种数据的逻辑结构可以表示成多种存储结构。常用的存储结构有顺序、链接、索引等。对于同一种逻辑结构，采用的存储结构不同，数据处理的效率也往往是不同的。

A.2.2　数据结构的图形表示

数据结构除了可以用二元关系表示外，还可以用图形来表示。在数据结构的图形表示中，数据集合 D 中的数据元素用中间标有元素值的方框表示，称为数据结点，简称结点。为了表示各数据元素之间的前后件关系，对于关系 R 中的每一个二元组，用一条有向线段从前件结点指向后件结点。例如，一年四季的数据结构可以用图 A-1 所示的图形来表示，家庭成员间辈分关系的数据结构可以用图 A-2 所示的图形来表示。

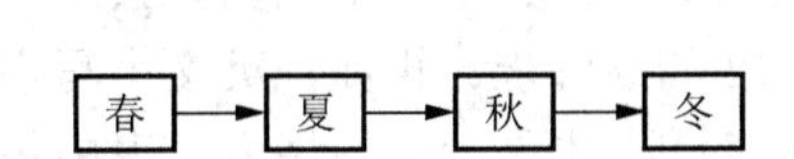

图 A-1　一年四季数据结构的图形表示

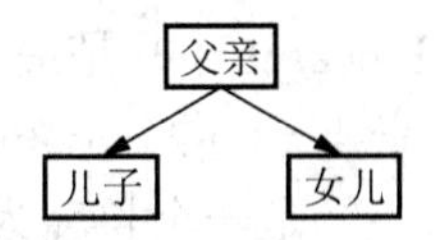

图 A-2　家庭成员数据结构的图形表示

用图形方式表示一个数据结构不仅方便，还很直观。在不会引起误解的情况下，前件结点到后件结点连线上的箭头可以省略。

【例 A-4】用图形表示数据结构 $B=(D,R)$，其中：

$D=\{d_1,d_2,d_3,d_4,d_5,d_6\}$

$R=\{(d_1,d_2),(d_1,d_3),(d_2,d_4),(d_2,d_5),(d_3,d_6)\}$

该数据结构的图形表示如图 A-3 所示。

在数据结构中，没有前件的结点称为根结点；没有后件的结点称为终端结点（也称为叶子结点）。例如，在图 A-1 所示的数据结构中，结点“春”为根结点，结点“冬”为终端结点；在图 A-2 所示的数据结构中，结点“父亲”为根结点，结点“儿子”与“女儿”都是终端结点；在图 A-3 所示的数据结构中，根结点为 d_1，有三个终端结点 d_4、d_5、d_6。在数据结构中，除了根结点与终端结点外的其他结点一般称为内部结点。

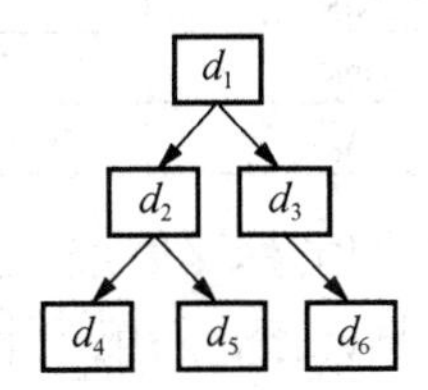

图 A-3　例 A-4 数据结构的图形表示

A.2.3 线性结构与非线性结构

一个数据结构可以是空的，即一个数据元素都没有，称为空数据结构。在一个空的数据结构中插入一个新的数据元素后就变为非空；对于只有一个数据元素的数据结构，将该元素删除后就变为空数据结构。根据数据结构中各数据元素之间前后件关系的复杂程度，一般将数据结构分为两大类：线性结构和非线性结构。如果一个非空的数据结构满足下面两个条件：

1）有且只有一个根结点。

2）每个结点最多有一个前件，也最多有一个后件。

则称该数据结构为线性结构。线性结构又称线性表。例 A-2 中的一年四季数据结构就属于线性结构。需要说明的是，在一个线性结构中插入或删除任何一个结点后仍然是线性结构。

如果一个数据结构不是线性结构，则称为非线性结构。例 A-3 中家庭成员间辈分关系的数据结构、例 A-4 中的数据结构等都是非线性结构。

A.3 线性表及其顺序存储结构

线性表是一种重要的数据结构，它是其他线性结构的基础。

A.3.1 线性表的基本概念

线性表（Linear List）是最简单、最常用的一种数据结构，它由一组数据元素组成。例如，一年的月份号（1，2，3，…，12）是一个长度为 12 的线性表。再如，英文小写字母表（a，b，c，…，z）是一个长度为 26 的线性表。又如，表 A-1 也是一个线性表，表中每一个数据元素由学号、姓名、性别、成绩和出生日期 5 个数据项组成。像学生表这样由若干数据项组成的数据元素称为记录（Record）。

表 A-1 学生表

学号	姓名	性别	成绩	出生日期
0303	张大为	男	90	07-05-84
0304	刘晓丽	女	80	07-05-83
0305	宋明明	男	68	09-12-85
0306	李小名	男	78	07-22-86
0308	李业丽	女	67	05-04-87

综上所述，线性表是由 n（$n \geq 0$）个数据元素 $a_1,a_2,\cdots,a_n$ 组成的一个有限序列，表中的每个数据元素，除第一个外，有且只有一个前件，除最后一个外，有且只有一个后件。线性表可以表示为（$a_1,a_2,\cdots,a_i,\cdots,a_n$），其中 a_i（i=1,2,$\cdots$,n）是属于数据对象的元素，通常也称其为线性表中的一个结点。当 n=0 时，称为空表。

A.3.2　线性表的顺序存储结构

在计算机中存放线性表，最简单的方法是采用顺序存储结构。采用顺序存储结构存储的线性表也称为顺序表，其特点如下：

1）顺序表中所有元素所占用的存储空间是连续的。

2）顺序表中各数据元素在存储空间中是按逻辑顺序依次存放的。

可以看出，在顺序表中，其前后件两个元素在存储空间中是紧邻的，且前件元素一定存储在后件元素的前面。

图 A-4 说明了顺序表在计算机内的存储情况。其中 $a_1,a_2,\cdots,a_n$ 表示顺序表中的数据元素。

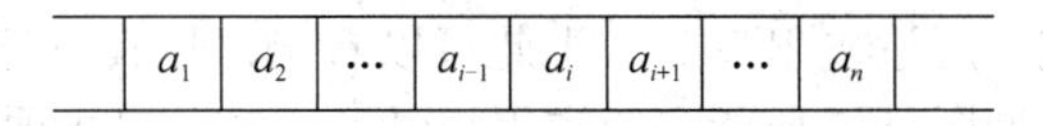

图 A-4　线性表的顺序存储结构示意图

假设长度为 n 的顺序表（$a_1,a_2,\cdots,a_i,\cdots,a_n$）中每个数据元素所占的存储空间相同（假设都为 k 字节），则要在该顺序表中查找某一个元素是很方便的。假设第 i 个数据元素 a_i 的存储地址用 ADR(a_i)表示，则有

$$\mathrm{ADR}(a_i)=\mathrm{ADR}(a_1)+(i-1)k$$

即线性表顺序存储结构中各元素存储地址可以直接计算求得。

在计算机程序设计语言中，一般用一个一维数组来表示线性表的顺序存储空间，因为程序设计语言中的一维数组与计算机中实际的存储空间结构是类似的，这就便于对顺序表进行各种处理。实际上，在定义一个一维数组的大小时，总要比顺序表的长度大些，以便对顺序表进行各种运算，如插入运算等。

对顺序表，可以进行各种处理。主要的运算有以下几种：

1）在顺序表的指定位置处插入一个新的元素（即顺序表的插入）。

2）在顺序表中删除指定的元素（即顺序表的删除）。

3）在顺序表中查找满足给定条件的元素（即顺序表的查找）。

4）按要求重排顺序表中各元素的顺序（即顺序表的排序）。

5）按要求将一个顺序表分解成多个顺序表（即顺序表的分解）。

6）按要求将多个顺序表合并成一个顺序表（即顺序表的合并）。

7）逆转一个顺序表（即顺序表的逆转）。

A.4　栈 和 队 列

栈和队列是两种重要的线性表，在程序设计中得到广泛的应用。本节将简要介绍栈和队列的基本概念和基本操作。

A.4.1 栈及其基本运算

1. 栈的基本概念

栈（Stack）是一种特殊的线性表，它是限定仅在一端进行插入和删除运算的线性表。其中，允许插入与删除的一端称为栈顶（Top），而不允许插入与删除的另一端称为栈底（Bottom）。栈顶元素总是最后被插入的那个元素，也是最先能被删除的元素；栈底元素总是最先被插入的元素，也是最后才能被删除的元素。

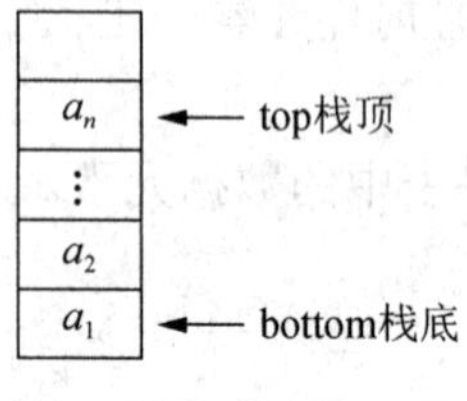

图 A-5 栈的示意图

栈是按照“先进后出”（First In Last Out，FILO）或“后进先出”（Last In First Out，LIFO）的原则操作数据的，因此，栈也被称为“先进后出”表或“后进先出”表。由此可以看出，栈具有记忆作用。

如图 A-5 所示，通常用指针 top 来指向栈顶，用指针 bottom 指向栈底。向栈中插入一个元素称为入栈运算，从栈中删除一个元素（即删除栈顶元素）称为出栈运算。

在图 A-5 中，a_1 为栈底元素，a_n 为栈顶元素。栈中的元素按照 $a_1,a_2,\cdots,a_n$ 的顺序进栈，出栈的顺序则相反。

2. 栈的顺序存储及基本运算

栈的顺序存储结构是利用一组地址连续的存储单元依次存放自栈底到栈顶的数据元素，并设有指针指向栈顶元素的位置，如图 A-5 所示。用顺序存储结构来存储的栈简称为顺序栈。

栈的基本运算有三种：入栈、出栈与读栈。

（1）入栈运算

入栈运算是指在栈顶位置插入一个新元素。运算过程如下：

1）修改指针，将栈顶指针加 1（top 加 1）。

2）在当前栈顶指针所指位置将新元素插入。

当栈顶指针已经指向存储空间的最后一个位置时，说明栈空间已满，此时不能进行入栈操作。

（2）出栈运算

出栈运算是指取出栈顶元素并赋给某个变量。运算过程如下：

1）将栈顶指针所指向的栈顶元素读取后赋给一个变量。

2）将栈顶指针减 1（top 减 1）。

当栈顶指针为 0 时（即 top=0），说明栈空，此时不能进行出栈运算。

（3）读栈运算

读栈运算是指将栈顶元素赋给一个指定的变量。运算过程如下：将栈顶指针所指向的栈顶元素读出并赋给一个变量，栈顶指针保持不变。

当栈顶指针为 0 时（即 top=0），说明栈空，读不到栈顶元素。

【例 A-5】在图 A-6 中，设 top 为指向栈顶元素的指针。图 A-6（a）是长度为 8 的栈的顺序存储空间，栈中已有 4 个元素；图 A-6（b）与图 A-6（c）分别为入栈与出栈后的状态。

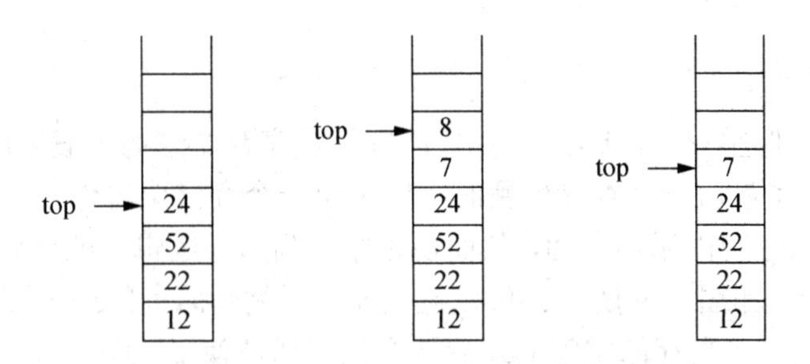

（a）有 4 个元素的栈　（b）插入 7 和 8 后的栈　（c）退出 8 后的栈

图 A-6　顺序栈的运算示意图

A.4.2　队列及其基本运算

1. 队列的基本概念

队列（Queue）也是一种特殊的线性表，它是限定仅能在表的一端进行插入，而在表的另一端进行删除的线性表。在队列中，允许插入的一端称为队尾，允许删除的一端称为队头。

队列是按照“先进先出”（First In First Out，FIFO）或“后进后出”（Last In Last Out，LILO）原则操作数据的，因此，队列也被称为“先进先出”表或“后进后出”表。在队列中，通常用指针 front 指向队头，用 rear 指向队尾，如图 A-7 所示。

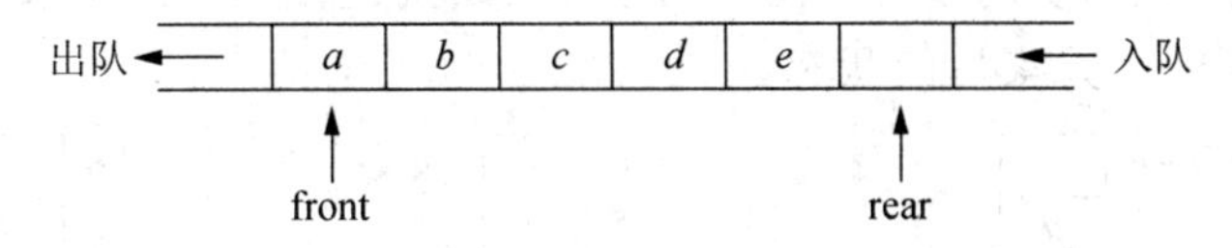

图 A-7　队列示意图

队列的基本运算有两种：向队列的队尾插入一个元素称为入队运算，从队列的队头删除一个元素称为出队运算。

图 A-8 是在队列中进行插入与删除的示意图。由图 A-8 可以看出，在队列的末尾插入一个元素（入队运算）只涉及队尾指针 rear 的变化，而要删除队列中的队头元素（出队运算）只涉及队头指针 front 的变化。与栈类似，在程序设计语言中，用一维数组作为队列的顺序存储空间。用顺序存储结构存储的队列称为顺序队列。

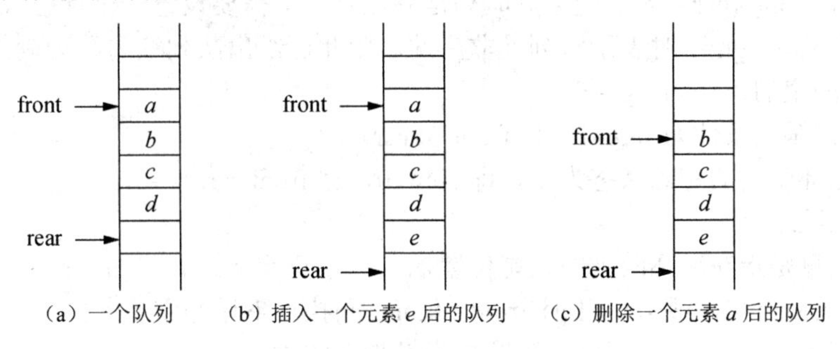

（a）一个队列　（b）插入一个元素 *e* 后的队列　（c）删除一个元素 *a* 后的队列

图 A-8　顺序队列运算示意图

2. 循环队列及其运算

为了充分利用存储空间，在实际应用中，队列的顺序存储结构一般采用循环队列的形式，当 rear 或 front 指向了最后一个存储位置时，则将第一个存储位置作为下一个存储位置，即队列指针在整个存储空间内循环游动，从而使顺序队列形成逻辑上的环状空间，称为循环队列（Circular Queue），如图 A-9 所示。可以设置 n 表示循环队列的最大存储空间。

在循环队列结构中，当存储空间的最后一个位置已被使用，而要进行入队运算时，只要存储空间的第一个位置空闲，就可以将元素插入到第一个位置，即将第一个位置作为新的队尾。

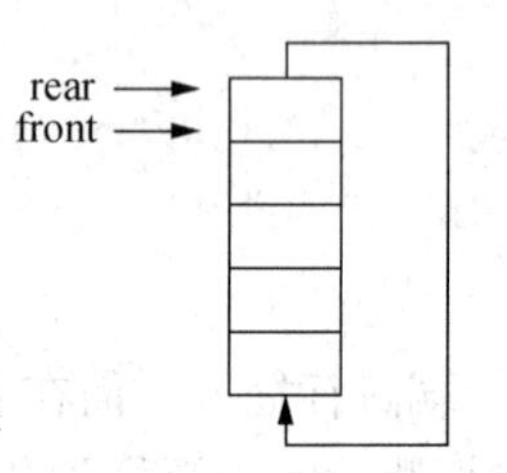

图 A-9 循环队列存储空间示意图

在循环队列中，从队头指针 front 指向的位置直到队尾指针 rear 指向的前一个位置之间所有的元素均为队列中的元素。循环队列的初始状态为空，即 rear=front=n，如图 A-9 所示。

循环队列主要有两种基本运算：入队运算与出队运算。每进行一次出队运算，队头指针加 1。当队头指针 front=n+1 时，则设置 front =1。每进行一次入队运算，队尾指针加 1。当队尾指针 rear =n+1 时，则设置 rear =1。

图 A-10（a）是一个长度为 6 的循环队列存储空间，其中已有 4 个元素。图 A-10（b）是在图 A-10（a）的循环队列中又插入了一个元素后的状态。图 A-10（c）是在图 A-10（b）的循环队列中退出了一个元素后的状态。

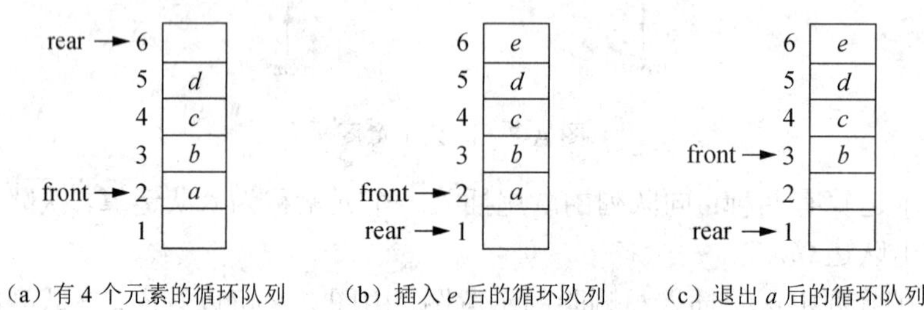

（a）有 4 个元素的循环队列　（b）插入 e 后的循环队列　（c）退出 a 后的循环队列

图 A-10 循环队列运算示意图

由图 A-10 中循环队列变化的过程可以看出，当循环队列满时有 front=rear，而当循环队列空时也有 front=rear。为了能区分队列是满还是空，需要设置一个标志 sign，sign=0 时表示队列是空的，sign=1 时表示队列是非空的。由此可给出队列空与队列满的条件：

1）队列空的条件为 sign=0。

2）队列满的条件为 sign=l，且 front = rear。

假设循环队列的初始状态为空，即 sign=0，且 front = rear = n。

（1）入队运算

入队运算是指在循环队列的队尾位置插入一个新元素。算法如下：

1）如果 sign=0，或 sign=1 且 front≠rear，则执行下述操作。

2）插入元素，将新元素插入到队尾指针指向的位置。

3）队尾指针加 1，若 rear =n+1，则置 rear =1。

4）如果 sign=0，则置 sign=1。

（2）出队运算

出队运算是指在循环队列的队头位置退出一个元素并赋给指定的变量。算法如下：

1）如果 sign=1，则执行下述操作。

2）退出元素，即将队头指针指向的元素赋给指定的变量。

3）队头指针加 1，若 front =n+1，则置 front=1。

4）如果 front=rear，则置 sign=0。

A.5 线性链表

线性链表是线性表的一种存储结构，简称链表。本节将介绍线性链表的基本概念和基本操作。

A.5.1 线性链表的基本概念

线性表的顺序存储结构在插入或删除元素时往往需要移动大量的数据元素。另外，在顺序存储结构下，线性表的存储空间不便于扩充。如果线性表的存储空间已满，但仍要插入新的元素，就会发生“上溢”错误。再如，在实际应用中，经常用到若干个线性表（包括栈与队列），如果将存储空间平均分配给各线性表，则有可能造成有的线性表的空间不够用，产生“上溢”，而有的线性表的空间空闲，使操作无法进行。

由于线性表的顺序存储结构存在以上缺点，对于数据元素需要频繁变动的复杂线性表应采用链式存储结构。

1. 线性链表

线性表的链式存储结构称为线性链表。

为了表示线性表的链式存储结构，通常将计算机存储空间划分为一个一个的小块，每一小块是连续的若干字节，通常称这些小块为存储结点。为了存储线性表中的元素，一方面要存储数据元素的值，另一方面还要存储各数据元素之间的前后件关系，这就需要将存储空间中的每一个存储结点分为两部分，一部分用于存储数据元素的值，称为数据域；另一部分用于存储下一个数据元素的存储结点的地址，称为指针域。

在线性链表中，一般用一个专门的指针 head 指向线性链表中第一个数据元素的结点，即用 head 存放线性表中第一个数据元素的存储结点的地址。在线性表中，最后一个元素没有后件，所以，线性链表中最后一个结点的指针域为空（用 NULL 或 0 表示），表示链表终止。

假设 4 个学生的某门功课的成绩分别是 a_1、a_2、a_3、a_4，这 4 个数据在内存中的存储单元地址分别是 1248、1488、1366 和 1522，其链表结构如图 A-11（a）所示。实际上，常用图 A-11（b）来表示它们的逻辑关系。

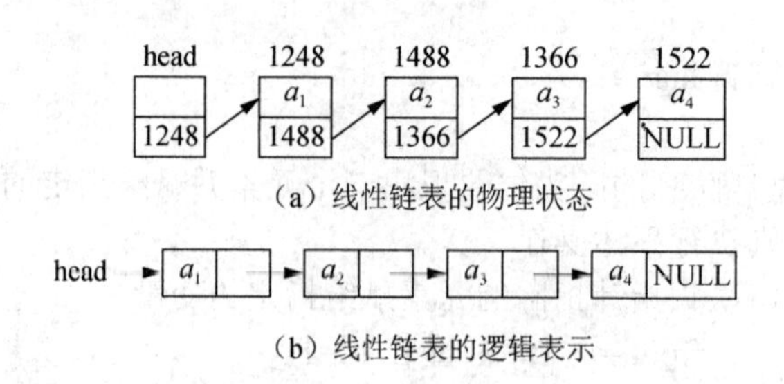

图 A-11　线性链表示意图

在线性表的链式存储结构中，各数据结点的存储地址一般是不连续的，而且各结点在存储空间中的位置关系与逻辑关系一般也是不一致的。在线性链表中，各数据元素之间的前后件关系是由各结点的指针域来指示的。对于线性链表，可以从头指针开始，沿着结点指针遍历链表中的所有结点。

前面讨论的线性链表又称为线性单链表。在线性单链表中，每个结点只有一个指针域，由该指针只能找到后件结点，即线性单链表只能沿着指针向一个方向扫描，这对于有些问题而言是很不方便的。为了克服线性单链表的这一缺点，在一些应用中，对线性链表中的每个结点设置两个指针域，一个指针指向其前件结点，称为前件指针或左指针；另一个指向其后件结点，称为后件指针或右指针。一般将这种包含前、后件指针的线性链表称为双向链表，其逻辑表示如图 A-12 所示。

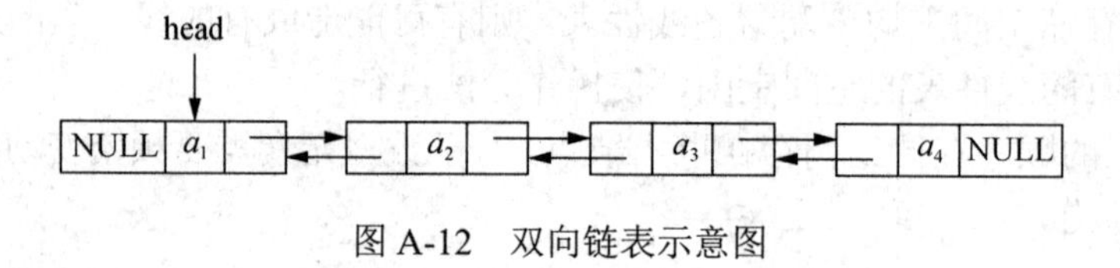

图 A-12　双向链表示意图

2. 带链的栈

与一般的线性表类似，在程序设计时，栈也可以使用链式存储结构。用链式存储结构来存储的栈称为带链的栈，简称为链栈。图 A-13 所示为栈的链式存储逻辑表示示意图。

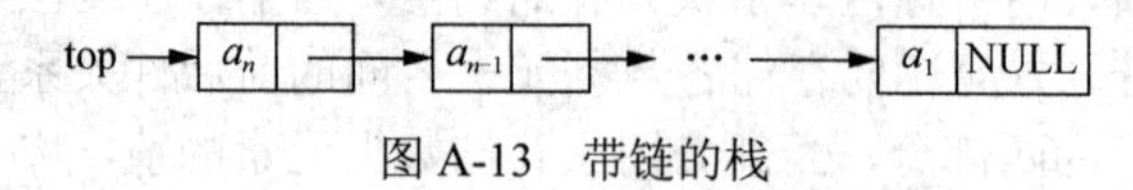

图 A-13　带链的栈

3. 带链的队列

与一般的线性表类似，在程序设计时，队列也可以使用链式存储结构。用链式存储结构来存储的队列称为带链的队列，简称为链队列。图 A-14 所示为队列的链式存储逻辑表示示意图。

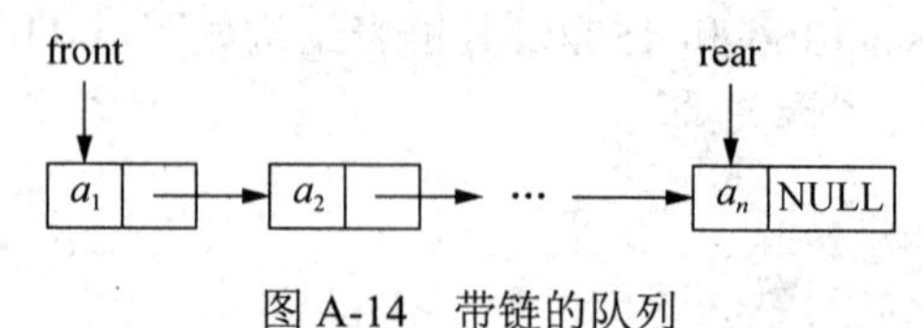

图 A-14　带链的队列

A.5.2 线性链表的基本运算

线性链表的基本运算有：

1）在线性链表中插入一个包含新元素的结点。

2）在线性链表中删除包含指定元素的结点。

3）将两个线性链表合并成一个线性链表。

4）将一个线性链表按要求进行分解。

5）逆转线性链表。

6）线性链表的查找。

1. 线性链表的插入运算

插入运算是指在线性链表中插入一个包含新元素的结点。插入前先要为待插入元素分配一个新结点，以存储该元素的值，一般的程序设计语言会提供申请新结点的方法。申请结点并保存数据后，将结点链接到线性链表中指定的位置即可。

假设线性链表如图 A-15（a）所示。现在要在线性链表中包含元素 *a* 的结点之前插入一个包含新元素 *b* 的结点。插入过程如下：

1）申请一个新结点，并设指针变量 p 指向该结点（即将该结点的存储地址存放在变量 p 中），置该结点的数据域为元素值 *b*，如图 A-15（b）所示。

2）在线性链表中查找包含元素 *a* 的结点的前一个结点，并设指针变量 q 指向该结点，如图 A-15（c）所示。

3）将 p 所指向的结点插入到 q 所指向的结点之后：首先使 p 所指向的结点的指针域指向包含元素 *a* 的结点，然后将 q 所指向的结点的指针域指向 p 所指向的结点，如图 A-15（d）所示。

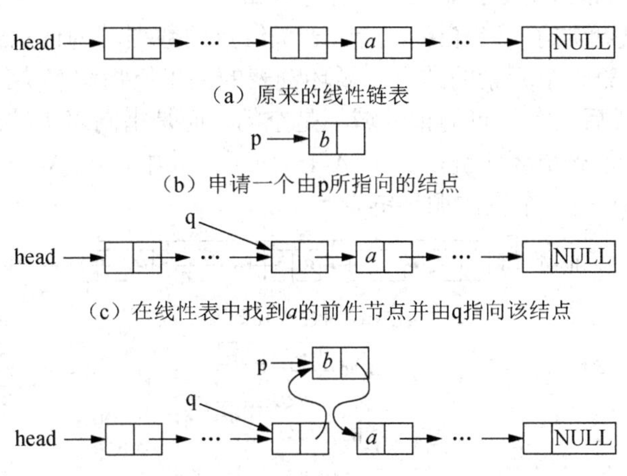

（a）原来的线性链表

（b）申请一个由p所指向的结点

（c）在线性表中找到*a*的前件节点并由q指向该结点

（d）将新节点插入到指定结点之前

图 A-15　线性链表的插入

2. 线性链表的删除运算

为了在线性链表中删除包含指定元素的结点，首先要在线性链表中找到该结点，然后将该结点删除。设线性链表如图 A-16（a）所示。现在要在线性链表中删除包含元素 *a* 的结点，删除过程如下：

1）在线性链表中找到包含元素 *a* 的结点，设指针变量 p 指向该结点，并设指针变量 q 指向其前一个结点，如图 A-16（b）所示。

2）将 p 所指向的结点从线性链表中删除，即让 q 所指向的结点的指针域指向 p 所指向的结点之后的结点，如图 A-16（b）所示。

3）将 p 所指向的包含元素 *a* 的结点释放（程序设计语言中一般包含释放内存结点的方法）。

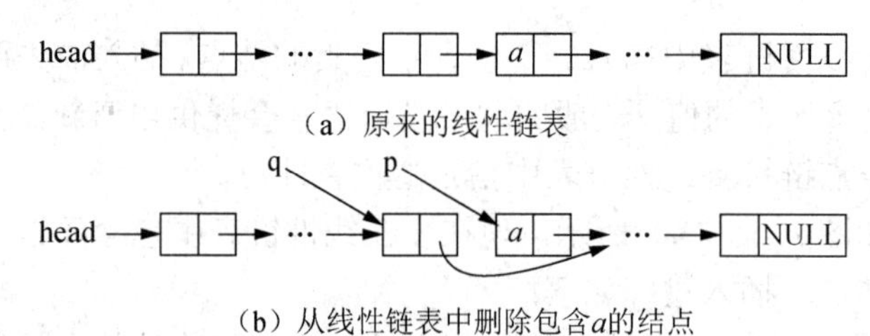

图 A-16 线性链表的删除

在线性链表中删除结点后，不需要移动表中的其他结点，只需改变被删除结点的前一个结点的指针域即可。被删除的结点释放后，变成自由内存。

A.5.3 循环链表

循环链表（Circular Linked List）的结构特点如下：

1）在循环链表中增加了一个表头结点。表头结点的数据域为任意或者根据需要来设置，指针域指向线性表的第一个元素的结点。循环链表的头指针指向表头结点。

2）循环链表中最后一个结点的指针域不是空的，而是指向表头结点，即在循环链表中，所有结点的指针构成了一个环状链，如图 A-17 所示。其中，图 A-17（a）是一个非空的循环链表，图 A-17（b）是一个空的循环链表。

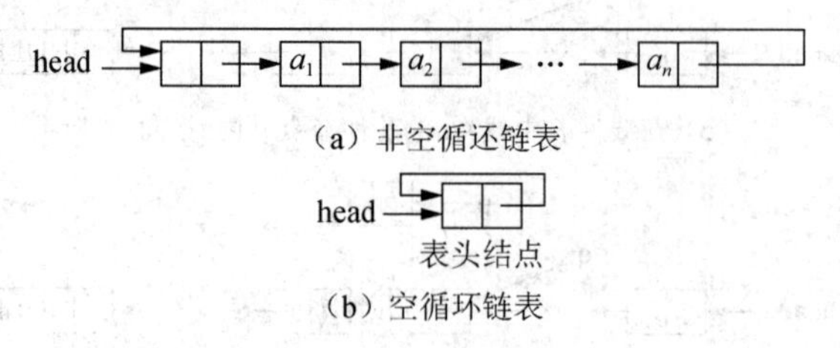

图 A-17 循环链表的逻辑表示

在循环链表中，从任何一个结点出发，都可以访问到表中其他所有的结点。另外，由于在循环链表中设置了一个表头结点，至少有一个结点存在，从而使空表与非空表的运算统一。循环链表的插入和删除方法与线性单链表基本相同。

A.6 树与二叉树

树是一种典型的非线性结构，最常用的树结构是二叉树。本节将介绍树、二叉树的基本概念及二叉树的基本操作。

A.6.1 树的基本概念

树（Tree）是一种非线性结构。在树结构中，所有数据元素之间的关系具有明显的层次特点。图 A-18 表示一棵一般的树。

由图 A-18 可以看出，在用图形表示树结构时，很像自然界中的树，只不过是一棵倒置的树，因此，这种数据结构就用“树”来命名。在树的图形表示中，一般将用直线连起来的两个结点中的上端结点作为前件，将下端结点作为后件，这样，表示前后件关系的箭头就可以省略。

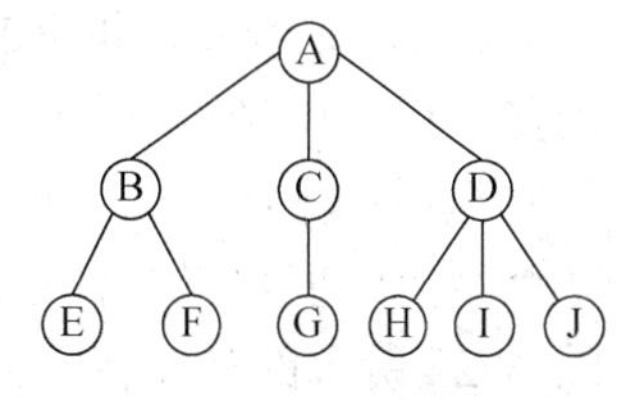

图 A-18 树的结构图

实际上，能用树结构表示的例子很多。例如，学校的行政关系结构就可以用树来表示。由于树具有明显的层次关系，所以，具有层次关系的数据都可以用树结构来描述。

关于树的基本术语如下：

1）树中没有前件的结点只有一个，称为根结点（简称根）。例如，在图 A-18 中，结点 A 是树的根结点。除根结点外，每个结点只有一个前件，称为该结点的父结点。

2）树中的每个结点可以有多个后件，它们都称为该结点的子结点。没有后件的结点称为叶子结点。例如，在图 A-18 中，结点 E、F、G、H、I、J 均为叶子结点。

3）树中一个结点所拥有的后件个数称为该结点的度。例如，在图 A-18 中，根结点 A 的度为 3，结点 B 的度为 2，结点 C 的度为 1，叶子结点的度为 0。

4）树的所有结点中度数最大的结点的度称为树的度。例如，图 A-18 所示的树的度为 3。

由于树结构具有明显的层次关系，一般将树的结点按如下原则分层：

1）根结点在第 1 层。同一层上所有结点的所有子结点都在下一层。例如，在图 A-18 中，根结点 A 在第 1 层；结点 B、C、D 在第 2 层；结点 E、F、G、H、I、J 在第 3 层。

2）树的最大层数称为树的深度。例如，图 A-18 所示的树的深度为 3。

3）树中以某结点的一个子结点为根构成的树称为该结点的一棵子树。例如，在图 A-18 中，根结点 A 有 3 棵子树，它们分别以 B、C、D 为根结点；结点 B 有 2 棵子树，它们分别以 E、F 为根结点。显然，树的叶子结点没有子树。

A.6.2 二叉树及其基本运算

由于二叉树的操作算法简单，而且任何树都可以转换为二叉树，所以二叉树在树结构的实际应用中起着重要的作用。

1. 二叉树的基本概念

二叉树（Binary Tree）是一种非常有用的非线性数据结构，是前面介绍的树结构的一种特殊形式，有关树的所有术语都可以用到二叉树上。

二叉树的特点：

1）非空二叉树只有一个根结点。

2）每个结点最多有两棵子树，且分别称为该结点的左子树与右子树。

图 A-19 是一棵二叉树，根结点为 A，其左子树包含结点 B、D、G、H，右子树包含结点 C、E、F、I、J。根 A 的左子树又是一棵二叉树，其根结点为 B，有非空的左子树（由结点 D、G、H 组成）和空的右子树。根 A 的右子树也是一棵二叉树，其根结点为 C，有非空的左子树（由结点 E、I、J 组成）和右子树（由结点 F 组成）。

与树不同，在二叉树中，每个结点的度最大为 2，即所有子树也均为二叉树，而树的每一个结点的度可以是任意的；二叉树中的每一个结点的子树要区分左子树和右子树。例如，图 A-20 所示的是 4 棵不同的二叉树，但如果作为树，它们就相同了。

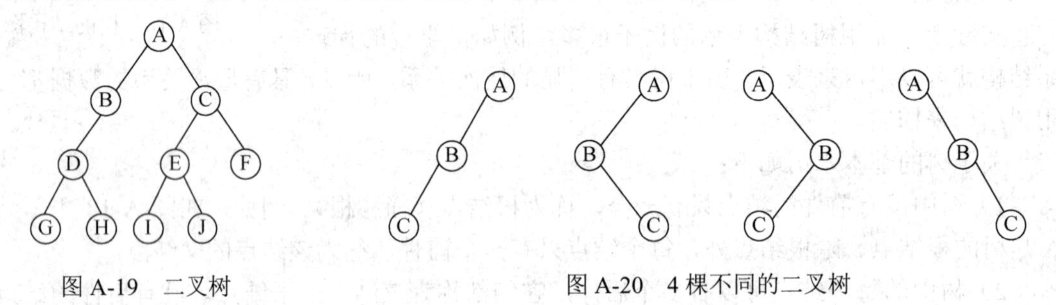

图 A-19　二叉树　　　　图 A-20　4 棵不同的二叉树

2. 满二叉树与完全二叉树

满二叉树与完全二叉树是两种特殊的二叉树。

（1）满二叉树

在一棵二叉树中，如果所有分支结点都存在左子树和右子树，并且所有叶子结点都在同一层上，这样的二叉树称为满二叉树。图 A-21（a）、图 A-21（b）分别是深度为 2、3 的满二叉树。

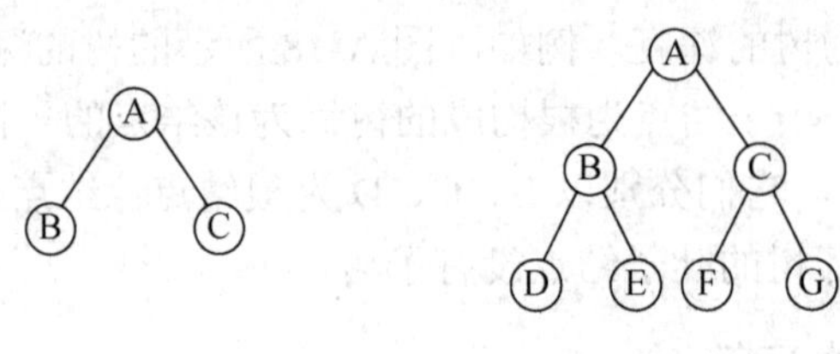

（a）深度为 2 的满二叉树　　（b）深度为 3 的满二叉树

图 A-21　满二叉树

（2）完全二叉树

完全二叉树是指除最后一层外，每一层上的结点数均达到最大值，而在最后一层上只缺少右边的连续结点。更确切地说，一棵深度为 m 的有 n 个结点的二叉树，对树中的结点按从上到下、从左到右的顺序编号，如果编号为 i（$1 \leqslant i \leqslant n$）的结点与满二叉树中的编号为 i 的结点在二叉树中的位置相同，则这颗二叉树称为完全二叉树。显然，满二叉树也是完全二叉树，而完全二叉树不一定是满二叉树。图 A-22 所示为两棵深度为 3 的完全二叉树。

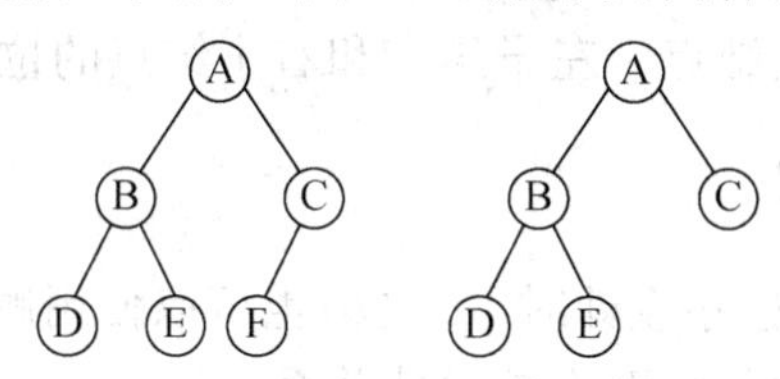

图 A-22　两棵深度为 3 的完全二叉树

3. 二叉树的基本性质

二叉树具有下列重要性质：

性质 1　在二叉树中，第 i 层的结点数最多为 2^{i-1} 个（$i \geqslant 1$）。

根据二叉树的特点，这个性质是显然的。

性质 2　在深度为 k 的二叉树中，结点总数最多为 2^k-1 个（$k \geqslant 1$）。

深度为 k 的二叉树是指二叉树共有 k 层。由性质 1 可知，深度为 k 的二叉树的最大结点数为

$$2^0+2^1+2^2+\cdots+2^{k-1}=2^k-1$$

性质 3　对任意一棵二叉树，度为 0 的结点（即叶子结点）总是比度为 2 的结点多一个。

对该性质的说明如下：

假设二叉树中有 n_0 个叶子结点，n_1 个度为 1 的结点，n_2 个度为 2 的结点，则该二叉树中总的结点数为

$$n=n_0+n_1+n_2 \tag{A-1}$$

又假设该二叉树中总的分支数目为 m，因为除根结点外，其余结点都有一个分支进入，所以 $m=n-1$。但这些分支是由度为 1 或度为 2 的结点发出的，所以又有 $m=n_1+2n_2$，于是

$$n=n_1+2n_2+1 \tag{A-2}$$

由式（A-1）和式（A-2）可得 $n_0=n_2+1$，即在二叉树中，度为 0 的结点（即叶子结点）总是比度为 2 的结点多一个。

例如，在图 A-19 所示的二叉树中，有 5 个叶子结点，有 4 个度为 2 的结点，度为 0 的结点比度为 2 的结点多一个。

性质 4　1）具有 n 个结点的二叉树，其深度至少为 $\lfloor \log_2 n \rfloor+1$，其中 $\lfloor \log_2 n \rfloor$ 表示取 $\log_2 n$ 的整数部分；2）具有 n 个结点的完全二叉树的深度为 $\lfloor \log_2 n \rfloor+1$。

性质 4 可以由性质 2 直接得到。

性质 5　如果对一棵有 n 个结点的完全二叉树的结点从 1～n 按层序（每一层从左到右）

编号，则对任意结点 i（$1\leqslant i\leqslant n$）有

1）如果 $i=1$，则结点 i 是二叉树的根，它没有父结点；如果 $i>1$，则其父结点编号为 $i/2$。

2）如果 $2i>n$，则结点 i 无左子结点（结点 i 为叶子结点）；否则，其左子结点是结点 $2i$。

3）如果 $2i+1>n$，则结点 i 无右子结点；否则，其右子结点是结点 $2i+1$。

根据完全二叉树的这个性质，如果按从上到下、从左到右顺序存储完全二叉树的各结点，则很容易确定每一个结点的父结点、左子结点和右子结点的位置。

A.6.3　二叉树的存储结构

与一般的线性表类似，在程序设计时，二叉树也可以使用顺序存储结构和链式存储结构，不同的是，此时表示一种层次关系而不是线性关系。

对于一般的二叉树，通常采用链式存储结构。用于存储二叉树中各元素的存储结点由两部分组成：数据域和指针域。在二叉树中，由于每个元素可有两个后件（即两个子结点），因此，二叉树的存储结点的指针域有两个：一个用于存放该结点的左子结点的存储地址，称为左指针域；另一个用于存放该结点的右子结点的存储地址，称为右指针域。图 A-23 所示为二叉树存储结点的结构示意图。其中，L(i)是结点 i 的左指针域，即结点 i 的左子结点的存储地址；R(i)是结点 i 的右指针域，即结点 i 的右子结点的存储地址；V(i)是数据域。

由于二叉树的链式存储结构每个存储结点有两个指针域，也称为二叉链表。图 A-24 是二叉链表的存储示意图。

i	L(i)	V(i)	R(i)

图 A-23　二叉树存储结点的结构

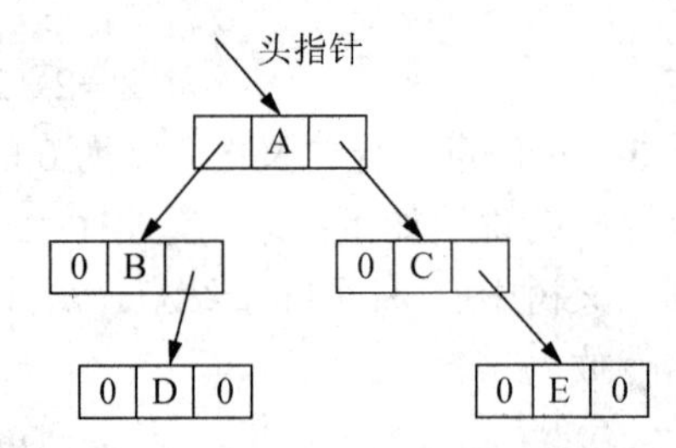

图 A-24　二叉链表的存储示意图

对于满二叉树与完全二叉树，根据二叉树的性质 5，可按层进行顺序存储，这样，不仅节省存储空间，还便于确定每个结点的父结点与左右子结点的位置。顺序存储结构对于一般的二叉树不适用。

A.6.4　二叉树的遍历

在树的应用中，常常要求查找具有某种特征的结点，或者对树中的全部结点逐一进行某种处理，因此引入了遍历二叉树。

二叉树的遍历是指按一定的次序访问二叉树中的每一个结点，使每个结点被访问且仅访问一次。由于二叉树是一种非线性结构，因此，对二叉树的遍历要比线性表遍历复杂得多。根据二叉树的定义可知，一棵二叉树可由三部分组成，即根结点、左子树和右子树。在这三

部分中，究竟先访问哪一部分？也就是说，遍历二叉树的方法实际上是要确定访问各结点的顺序，以便访问到二叉树中的所有结点，且各结点只被访问一次。

在遍历二叉树的过程中，通常规定先遍历左子树，然后遍历右子树。在先左后右的原则下，根据访问根结点的次序，二叉树的遍历可以分为三种：前序遍历、中序遍历、后序遍历。下面分别介绍这三种遍历方法，并用 D、L、R 分别表示“访问根结点”、“遍历根结点的左子树”和“遍历根结点的右子树”。

1. 前序遍历

前序遍历（DLR）是指首先访问根结点，然后遍历左子树，最后遍历右子树；在遍历左、右子树时，仍然先访问根结点，然后遍历左子树，最后遍历右子树。可以看出，前序遍历二叉树的过程是一个递归的过程。下面给出二叉树前序遍历的过程。

若二叉树为空，则遍历结束。否则：

1）访问根结点。

2）前序遍历左子树。

3）前序遍历右子树。

例如，对图 A-25 中的二叉树进行前序遍历，则遍历结果为 ABDGCEHIF。

2. 中序遍历

以下是二叉树中序遍历（LDR）的过程。

若二叉树为空，则遍历结束。否则：

1）中序遍历左子树。

2）访问根结点。

3）中序遍历右子树。

例如，对图 A-25 中的二叉树进行中序遍历，则遍历结果为 DGBAHEICF。

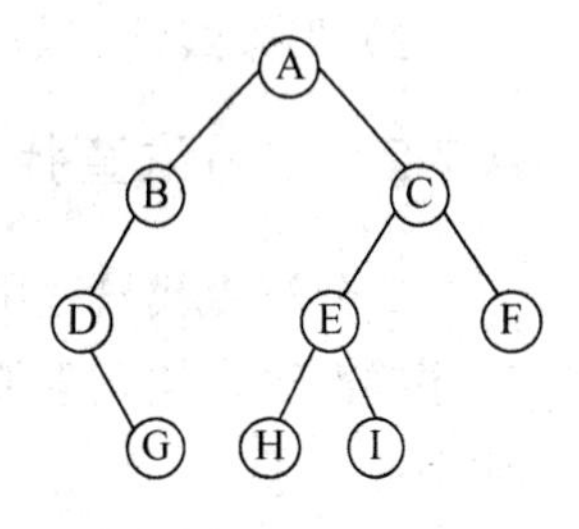

图 A-25　一棵二叉树

3. 后序遍历

以下是二叉树后序遍历（LRD）的过程。

若二叉树为空，则遍历结束。否则：

1）后序遍历左子树。

2）后序遍历右子树。

3）访问根结点。

例如，对图 A-25 中的二叉树进行后序遍历，则遍历结果为 GDBHIEFCA。

A.7 查　找

查找又称为检索，是数据处理领域的一个重要操作。所谓查找，是指在一个给定的数据结构中查找某个指定的元素。本节主要介绍顺序查找和二分法查找两种方法。

A.7.1 顺序查找

顺序查找又称为顺序搜索，基本方法是：从线性表的第一个元素开始，依次与被查找元素进行比较，若相等则查找成功；若所有的元素都与被查元素不相等，则查找失败。

在顺序查找过程中，如果线性表中的第一个元素就是要查找的元素，则只需要作一次比较就查找成功；但如果被查找的元素是线性表中的最后一个元素，或者不在线性表中，则需要与线性表中所有的元素进行比较，这是顺序查找的最坏情况。在平均情况下，用顺序查找法在线性表中查找一个元素，大约需要与线性表中的一半元素进行比较。可见，对于比较大的线性表来说，顺序查找法的效率是比较低的。虽然顺序查找的效率不高，但是对于下列两种情况，也只能采用顺序查找法：

1）如果线性表是无序表（即表中元素的排列是没有顺序的），则不管是顺序存储结构还是链式存储结构，都只能用顺序查找法。

2）如果线性表是有序线性表，但采用链式存储结构，也只能用顺序查找法。

A.7.2 二分法查找

二分法查找只适用于顺序存储的有序表，即要求线性表中的元素按大小有序排列。假设有序线性表是按元素值递增排列的，并设表的长度为 n，被查元素为 x，则二分法查找过程如下：

1）将线性表的中间位置元素与 x 进行比较。

2）若中间元素的值等于 x，则查找成功，查找结束。

3）若中间元素的值大于 x，则在线性表的前半部分以相同的方法继续查找。

4）若中间元素的值小于 x，则在线性表的后半部分以相同的方法继续查找。

5）重复以上过程，直到查找成功；或子表长度为 0，查找失败。

可以看出，当有序的线性表顺序存储时才能采用二分法查找。可以证明，对于长度为 n 的有序线性表，在最坏情况下，二分法查找只需要比较 $\log_2 n$ 次，顺序查找需要比较 n 次。可见，二分法查找的效率要比顺序查找高得多。

A.8 排　序

排序是指将一个无序的序列整理成有序的序列。排序的方法有很多，本节主要介绍三类常用的排序方法：交换类排序法、插入类排序法和选择类排序法。

A.8.1　交换类排序法

交换类排序法是指借助数据元素之间位置的互相交换进行排序的一种方法。冒泡排序是一种最简单的交换类排序方法，它是通过相邻数据元素的交换逐步将线性表有序。冒泡排序的操作过程如下（假定从小到大排序）：

首先，从表头开始向后扫描线性表，在扫描过程中依次比较相邻元素的大小，若前面的元素大于后面的元素，则将它们互换，称为消去了一个逆序（两个数据元素不符合排序次序称为逆序）。显然，在扫描过程中，不断地将相邻元素中的大者向后移动，最后将最大者交换到了表的最后，如图 A-26（a）所示，图中带有下划线的元素表示要比较的元素。可以看出，若线性表有 n 个元素，则第一趟排序要比较 $n-1$ 次。

经过第一趟排序后，最后一个元素就是线性表中的最大者。再对除最后一个元素外的剩余 $n-1$ 个元素进行第二趟排序，以此类推，直到剩余元素个数为 1 或在扫描过程中没有交换任何元素为止，此时，线性表变为有序表。如图 A-26（b）所示，由方括号括起来的部分表示有序的部分。可以看出，若线性表有 n 个元素，则最多要进行 $n-1$ 趟排序。在图 A-26 所示的例子中，进行第 4 趟排序后，线性表已经有序。

原序列	6	2	8	1	3	1	7
第 1 次比较	2	6	8	1	3	1	7
第 2 次比较	2	6	8	1	3	1	7
第 3 次比较	2	6	1	8	3	1	7
第 4 次比较	2	6	1	3	8	1	7
第 5 次比较	2	6	1	3	1	8	7
第 6 次比较	2	6	1	3	1	7	8

（a）第一趟排序

原序列	6	2	8	1	3	1	7
第 1 趟排序	2	6	1	3	1	7	[8]
第 2 趟排序	2	1	3	1	6	[7	8]
第 3 趟排序	1	2	1	3	[6	7	8]
第 4 趟排序	1	1	2	[3	6	7	8]
第 5 趟排序	1	1	[2	3	6	7	8]
第 6 趟排序	1	[1	2	3	6	7	8]
排序结果	1	1	2	3	6	7	8

（b）各趟排序

图 A-26　冒泡排序示意图

从冒泡排序的操作过程可以看出，对于长度为 n 的线性表，在最坏的情况下需要进行 $(n-1)+(n-2)+\cdots+2+1=n(n-1)/2$ 次比较。

A.8.2 插入类排序法

冒泡排序本质上是通过数据元素的交换来逐步消除线性表中的逆序，插入类排序与此不同。

简单插入排序法（又称直接插入排序法）是指将元素依次插入到已经有序的线性表中的排序方法。

简单插入排序过程为：假设线性表中前 i-1 个元素已经有序，首先将第 i 个元素放到一个变量 T 中，然后从第 i-1 个元素开始，往前逐个与 T 进行比较，将大于 T 的元素均依次向后移动一个位置，直到发现一个元素不大于 T 为止，此时就将 T 插入刚移出的空位上，有序子表的长度就变为 i 了。

在实际应用中，先将线性表中第一个元素看成一个有序表，然后从第二个元素开始逐个进行插入。图 A-27 所示为插入排序的示意图，方括号中为已排序的元素。

原序列	[33]	18	21	89	40	16
第 1 趟排序	[18	33]	21	89	40	16
第 2 趟排序	[18	21	33]	89	40	16
第 3 趟排序	[18	21	33	89]	40	16
第 4 趟排序	[18	21	33	40	89]	16
第 5 趟排序	[16	18	21	33	40	89]

图 A-27 简单插入排序示意图

在简单插入排序法中，每一次比较最多消除一个逆序，因此，这种排序方法的效率与冒泡排序法相同。在最坏情况下，简单插入排序法需要比较的次数为 $n(n-1)/2$。

A.8.3 选择类排序法

这里主要介绍简单选择排序法和堆排序法两种方法。

1. 简单选择排序法

简单选择排序法也叫直接选择排序法，其排序过程如下：扫描整个线性表，从中选出最小的元素，将它与表中第一个元素交换，然后对剩下的子表采用同样的方法进行排序，直到子表中只有一个元素为止。对于长度为 n 的序列，简单选择排序需要扫描 n-1 遍，每一遍扫描均从剩下的子表中选出最小的元素，然后将该最小的元素与子表中的第一个元素交换。图 A-28 所示为简单选择排序法的示意图，方括号中为已排序的元素，带有下划线的元素是表示要交换位置的元素。

原序列	33	18	21	89	19	16
第 1 遍选择	[16]	18	21	89	19	33
第 2 遍选择	[16	18]	21	89	19	33
第 3 遍选择	[16	18	19]	89	21	33
第 4 遍选择	[16	18	19	21]	89	33
第 5 遍选择	[16	18	19	21	33]	89

图 A-28　简单选择排序法示意图

简单选择排序法在最坏情况下需要比较 $n(n-1)/2$ 次。

2. 堆排序法

堆排序法是在简单排序法的基础上借助于完全二叉树结构而形成的一种排序方法，属于选择类的排序方法。

首先介绍堆的定义：具有 n 个元素的序列（$h_1,h_2,\cdots,h_n$），当且仅当满足

$$\begin{cases} h_i \geqslant h_{2i} \\ h_i \geqslant h_{2i+1} \end{cases} \quad 或 \quad \begin{cases} h_i \leqslant h_{2i} \\ h_i \leqslant h_{2i+1} \end{cases} \quad (i=1,2,\cdots,n/2)$$

时称为堆。为了方便，称满足前者条件的堆为大根堆，而称满足后者条件的堆为小根堆。下面只讨论大根堆。由堆的定义可以看出，堆顶元素（即第一个元素）必为最大项。

例如，序列（98，82，54，35，46，29，21）是一个堆，它所对应的完全二叉树如图 A-29 所示。

关于调整建堆方法，举例说明如下：

假设图 A-30（a）是一棵完全二叉树。在这棵二叉树中，根结点 46 的左、右子树都是堆。现在为了将整个子树调整为堆，首先将根结点 46 与其左、右子树的根结点值进行比较，根据堆的定义，应将元素 46 与 89 交换，如图 A-30（b）所示。经过这一次交换后，破坏了原来左子树的堆结构，需要对左子树进行调整，将元素 75 与 46 进行交换，调整后的结果如图 A-30（c）所示。

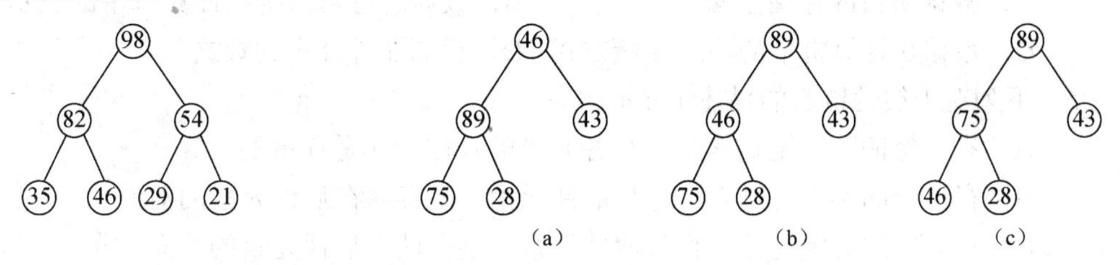

图 A-29　堆顶元素为最大项的堆

图 A-30　调整建堆示意图

在调整建堆的过程中，总是将根结点值与左、右子树的根结点值进行比较，若不满足堆的定义，则将左、右子树根结点值中的大者与根结点值交换。该调整过程一直做到所有子树都是堆为止。

下面给出堆排序的方法。

1）将一个具有 n 个元素的无序序列建成堆。

2）将堆顶元素与堆中最后一个元素交换。不考虑已换到最后的那个元素，只考虑前面 n-1 个元素构成的子序列，但该子序列已不是堆，而左、右子树仍是堆，可以将该子序列调整为堆。反复进行第 2）步，直到剩下的子序列为空为止。

在实际应用中，堆排序法对于小的线性表不是很有效，但对于大的线性表则是很有效的。堆排序在最坏情况下的时间复杂度为 $O(n\log_2 n)$。

习　　题

一、单选题

1．算法具有五个特性，以下选项中不属于算法特性的是（　　）。

A．有穷性　　B．简洁性　　C．可行性　　D．确定性

2．算法的时间复杂度是指（　　）。

A．执行算法程序所需要的时间

B．算法程序的长度

C．算法执行过程中所需要的基本运算次数

D．算法程序中的指令条数

3．算法的空间复杂度是指（　　）。

A．算法程序的长度

B．算法程序中的指令条数

C．算法程序所占的存储空间

D．算法执行过程中所需要的存储空间

4．数据的存储结构是指（　　）。

A．数据所占的存储空间量　　B．数据的逻辑结构在计算机中的表示

C．数据在计算机中的顺序存储方式　D．存储在外存中的数据

5．下列对于线性链表的描述中正确的是（　　）。

A．存储空间不一定是连续，且各元素的存储顺序是任意的

B．存储空间不一定是连续，且前件元素一定存储在后件元素的前面

C．存储空间必须连续，且各前件元素一定存储在后件元素的前面

D．存储空间必须连续，且各元素的存储顺序是任意的

6．下列关于栈的叙述中正确的是（　　）。

A．在栈中只能插入数据　　B．在栈中只能删除数据

C．栈是先进先出的线性表　　D．栈是先进后出的线性表

7．下列关于栈的描述中错误的是（　　）。

A．栈是先进后出的线性表

B．栈只能顺序存储

C．栈具有记忆作用

D．对栈的插入和删除操作中，不需要改变栈底指针

8．下列关于队列的叙述中正确的是（　　）。

A．在队列中只能插入数据　　B．在队列中只能删除数据

C．队列是先进先出的线性表　　D．队列是先进后出的线性表

9．下列叙述中正确的是（　　）。

A．线性表是线性结构　　B．栈与队列是非线性结构

C．线性链表是非线性结构　　D．二叉树是线性结构

10．下列数据结构具有记忆功能的是（　　）。

A．队列　　B．循环队列　　C．栈　　D．顺序表

11．下列叙述中正确的是（　　）。

A．线性链表中的各元素在存储空间中的位置必须是连续的

B．线性链表中的表头元素一定存储在其他算数的前面

C．线性链表中的各元素在存储空间中的位置不一定是连续的，但表头元素一定存储在其他元素的前面

D．线性链表中的各元素在存储空间中的位置不一定是连续的，且各元素的存储位置顺序也是任意的

12．设有下列二叉树：

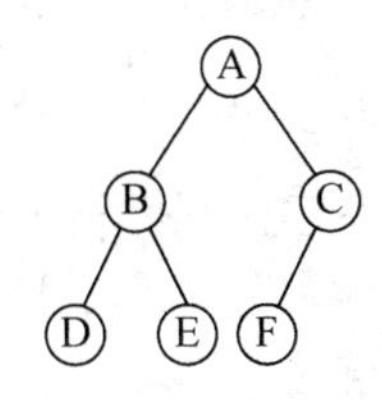

对此二叉树进行中序遍历的结果为（　　）。

A．ABCDEF　　B．DBEAFC　　C．ABDECF　　D．DEBFCA

13．在深度为5的满二叉树中，叶子结点的个数为（　　）。

A．32　　B．31　　C．16　　D．15

14．设一棵二叉树中有3个叶子结点，有8个度为1的结点，则该二叉树中总的结点数为（　　）。

A．12　　B．13　　C．14　　D．15

15．对长度为n的线性表进行顺序查找，在最坏情况下所需要的比较次数为（　　）。

A．$n+1$　　B．n　　C．$(n+1)/2$　　D．$n/2$

16．在长度为n的有序线性表中进行二分法查找，需要比较的次数为（　　）。

A．$\log_2 n$　　B．$n\log_2 n$　　C．$n/2$　　D．$(n+1)/2$

二、填空题

1．问题解决方案的正确而完整的描述称为________。

2．在计算机中存放线性表，一种最简单的方法是________。

3．栈的基本运算有三种：入栈、退栈和________。

4．在一个容量为 15 的循环队列中，若头指针 front =6，尾指针 rear =9，则该循环队列中共有________个元素。

5．设一棵二叉树中度为 2 的结点有 18 个，则该二叉树中有________个叶子结点。

6．设一棵完全二叉树共有 22 个结点，则在该二叉树中有________个叶子结点。

7．在长度为 n 的有序线性表中进行二分查找，需要的比较次数为________。

8．在最坏情况下，冒泡排序的时间复杂度为________。

三、思考题

1．算法的基本特征和基本要素是什么？

2．请列举几种常用的算法设计方法。

3．如何度量算法的复杂度？

4．什么是数据结构？

5．什么是线性表、栈和队列？

6．树和二叉树有何区别？

7．常用的两种查找方法是什么？

附录 B
软件工程基础

软件工程（Software Engineering，SE）是一门应用计算机科学、数学、逻辑学及管理科学等原理，研究用工程化方法构建和维护有效的、实用的和高质量的软件的学科。软件工程借鉴传统工程的原则、方法，以提高质量，降低成本。

B.1 软件工程的基本概念

软件工程的发展是一个漫长而曲折的过程，软件工程的概念及原则也是在长期的软件开发实践过程中不断形成和完善的。

B.1.1 软件危机与软件工程

1. 软件危机

所谓软件危机，是指在计算机软件开发和维护过程中所遇到的一系列严重问题。具体地说，在软件开发和维护过程中，软件危机主要表现在：

1）软件需求的增长得不到满足，用户对系统不满意的情况经常发生。

2）软件开发成本和进度无法控制。

3）软件质量难以保证。

4）软件不可维护或可维护性非常低。

5）软件的成本不断提高。

6）软件开发生产率的提高赶不上硬件的发展和应用需求的增长。

2. 软件工程

为了消除软件危机，1968 年北大西洋公约组织的计算机科学家在联邦德国召开国际会议，第一次讨论软件危机问题，并正式提出“软件工程”的概念。软件工程就是试图用工程、科学和数学的原理与方法研制、维护计算机软件的有关技术及管理方法。

软件工程包括三个要素，即方法、工具和过程。方法是完成软件工程项目的技术手段；工具支持软件的开发、管理、文档生成；过程支持软件开发的各个环节的控制、管理。

软件工程的核心思想是把软件产品作为一个工程产品来处理。

B.1.2 软件的定义与分类

1. 软件

计算机系统由硬件和软件两部分组成。计算机软件是指包括程序、数据及其相关文档资料的完整集合。其中，程序是软件开发人员根据用户需求开发的、用程序设计语言实现的、计算机能够执行的指令（语句）序列。数据是程序的处理对象，以特定数据结构存储。文档是与程序开发、维护和使用相关的图文资料。由此可见，软件由两部分组成：一是机器可执行的程序及相关数据；二是机器不可执行的，与软件开发、运行、维护和使用有关的文档。

2. 软件的分类

软件根据应用目标的不同，可以分为系统软件、应用软件和支撑软件（或工具软件）。

系统软件是计算机管理自身资源，提高计算机使用效率，并为计算机用户提供各种服务的软件。例如，操作系统、编译程序、汇编程序、网络软件、数据库管理系统等。

应用软件是为解决特定领域的应用问题而开发的软件。例如，事务处理软件、工程与科学计算软件、实时处理软件、嵌入式软件及人工智能软件等各种应用性质不同的软件。

支撑软件是介于系统软件和应用软件之间，协助用户开发软件的工具性软件。例如，需求分析工具软件、设计工具软件、编码工具软件、测试工具软件、维护工具软件等。

B.1.3 软件的生命周期

通常，将软件产品从提出、实现、使用、维护到停止使用（退役）的过程称为软件生命周期（Software Life Cycle）。

可以将软件生命周期分为图 B-1 所示的软件定义、软件开发及软件运行维护三个阶段。

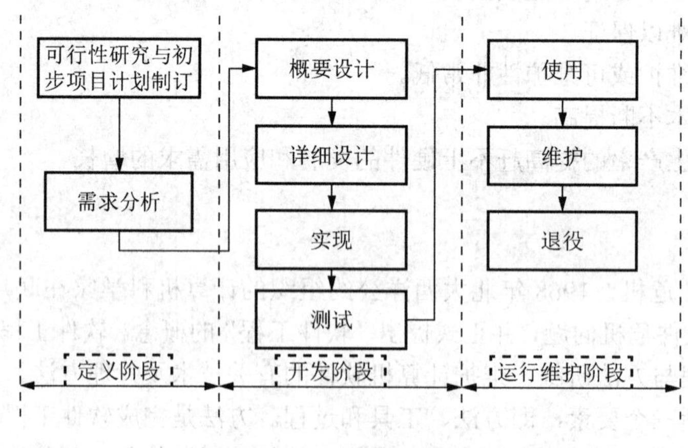

图 B-1 软件生命周期

图 B-1 所示的软件生命周期的主要活动阶段如下：

1）可行性研究与初步项目计划制订。确定待开发软件系统的开发目标和总体要求，给出它的功能、性能、可靠性及接口等方面的可能方案，制订完成开发任务的实施计划。

2）需求分析。对待开发软件提出的需求进行分析并给出详细定义，编写软件需求规格说明书及初步的用户手册，提交评审。

3）软件设计。系统设计人员和程序设计人员应该在反复理解软件需求的基础上，给出软件的结构、模块的划分、功能的分配及处理流程。如果系统比较复杂，则可将设计阶段分为概要设计和详细设计两个阶段。

4）软件实现。将软件设计转换成计算机可以执行的程序代码。

5）软件测试。在设计测试用例的基础上，检验软件的各个组成部分。

6）运行维护。将已交付的软件投入运行，并在运行使用中不断地维护，根据新提出的需求进行必要而且可能的扩充和修改。

B.2　软件需求分析

软件需求是指用户对目标软件系统在功能、行为、性能、设计约束等方面的期望和要求。

需求分析的目的是形成软件需求规格说明书，不是确定系统如何工作，而仅对目标系统提出明确具体的要求。需求分析必须达到开发人员和用户完全一致的要求。

B.2.1　需求分析与需求分析方法

1. *需求分析*

需求分析阶段的工作可以概括为以下四个方面：

1）需求获取。需求获取的目的是确定用户对目标系统的各方面要求。

2）需求分析。对获取的需求进行分析和综合，最终给出系统的解决方案和目标系统的逻辑模型。

3）编写需求规格说明书。需求规格说明书作为需求分析的阶段性成果，可为用户、分析人员和设计人员之间的交流提供方便，可直接支持目标软件系统的确认，还可以作为控制软件开发进程的依据。

4）需求评审。在需求分析的最后一步，对需求分析阶段的工作进行复审，验证需求文档的一致性、可行性、完整性和有效性。

2. *需求分析方法*

常见的需求分析方法有以下两种：

1）结构化分析方法。主要包括面向数据流的结构化分析方法（Structured Analysis，SA）、面向数据结构的 Jackson 系统开发方法（Jackson System Development method，JSD）、面向数据结构的结构化系统开发方法（Data Structured System Development method，DSSD）。

2）面向对象的分析方法（Object-Oriented Analysis，OOA）。从需求分析建立的模型的特性来分类，需求分析方法又分为静态分析方法和动态分析方法。

B.2.2 结构化分析方法

结构化分析方法着眼于数据流，采用自顶向下、逐层分解的方法来建立系统的处理流程。数据流图和数据字典是结构化分析方法的主要工具，并依此建立系统的逻辑模型。结构化分析方法适合于分析大型的数据处理系统。

结构化分析的常用工具有数据流图、数据字典等。

1. 数据流图

数据流图（Data Flow Diagram，DFD）是描述数据处理过程的工具，它从数据传递和加工的角度，以图形的方式描绘数据在系统中流动和处理的过程。

2. 数据字典

数据字典（Data Dictionary，DD）是结构化分析方法的另一重要工具。它与数据流图配合，能清楚地表达数据处理的要求。仅靠数据流图，人们很难理解它所描述的对象，数据字典是对所有与系统相关的数据元素编制的一个有组织的列表，以及精确严格的定义，使得用户和系统分析员对于输入、输出、存储和中间计算结果等有共同的理解。

B.2.3 软件需求规格说明书

软件需求规格说明书（Software Requirement Specification，SRS）是需求分析阶段的最后成果，是软件开发中的重要文档之一。

1. 软件需求规格说明书的作用

软件需求规格说明书的作用是：

1）便于用户、开发人员进行理解和交流。

2）反映出用户问题的结构，可以作为软件开发工作的基础和依据。

3）作为确认测试和验收的依据。

2. 软件需求规格说明书的内容

软件需求规格说明书是作为需求分析的一部分而制订的可交付文档。该说明将在软件计划中已确定的软件范围加以展开，制订出完整的信息描述、详细的功能说明、恰当的检验标准，以及其他与要求有关的数据。

软件需求规格说明书所包括的内容和书写框架如下：

一、概述

二、数据描述

- 数据流图
- 数据字典
- 系统接口说明

- 内部接口

三、功能描述

- 功能
- 处理说明
- 设计限制

四、性能描述

- 性能参数
- 测试种类
- 预期的软件响应
- 应考虑的特殊问题

五、参考文献目录

六、附录

其中：

1）概述部分从系统的角度描述软件的目标和任务。

2）数据描述是对软件系统所必须解决的问题作出的详细说明。

3）功能描述中描述了为解决用户问题所需要的每一项功能的过程细节。对每项功能都要给出处理说明，以及在设计时需要考虑的限制条件。

4）性能描述中说明系统应达到的性能和应该满足的限制条件、检测的方法和标准、预期的软件响应和可能需要考虑的特殊问题。

5）参考文献目录中应包括与该软件有关的全部参考文献，其中包括前期的其他文档、技术参考资料、产品目录手册及标准等。

6）附录部分包括一些补充资料，如列表数据、算法的详细说明、框图、图表和其他材料等。

B.3　软件设计

软件设计是根据需求分析阶段得到的需求规格说明书，设计出实现软件属性（功能、性能及其他）集合的算法和数据结构，并对它们进行规格化处理，也就是从抽象的需求规格向具体的程序与数据集合变换的过程。在此过程中，要形成各种设计文档，即各种设计书，它们是设计阶段的最终产品。软件设计阶段是软件开发过程中的一个关键阶段，对软件的质量具有决定性的影响。

B.3.1　软件设计的基本概念

分析阶段的工作结果是需求规格说明书，它明确地描述了用户要求软件系统“做什么”。对于大型系统来说，为了保证软件产品的质量，并使开发工作顺利进行，必须先为编制程序代码制订一个计划，这项工作称为软件设计。软件设计实际上是为需求规格说明书到程序代码之间的过渡架起一座桥梁。

在软件开发实践中，有许多软件设计的概念和原则，它们对提高软件的设计质量有很大的帮助。

1. 模块化

模块是数据说明、可执行语句等程序对象的集合。可以将模块单独命名，而且可通过名称访问。过程、函数、子程序、宏等都可作为模块。模块化是指解决一个复杂问题时自顶向下逐层将软件系统划分成若干模块的过程。程序划分成若干模块，每个模块具有一个确定的子功能，将这些模块集成为一个整体，就可以完成整个系统的功能。

为了解决复杂的问题，在软件设计中必须将整个问题进行分解来降低复杂性，这样就可以减少开发工作量，降低开发成本，提高软件生产率。但是划分模块并不是越多越好，因为这会增加模块之间接口的规模，划分模块的层次和数量应该避免过多或过少。

2. 抽象

抽象就是抽出事物的本质特性而暂时不考虑它们的细节。软件设计中考虑模块化解决方案时，可以确定多个抽象级别。抽象的层次从概要设计到详细设计逐步降低。概要设计中的模块划分也是由抽象到具体逐步分析和构造出来的。

3. 信息隐蔽

信息隐蔽是指每个模块的实现细节对于其他模块来说是隐藏的，也就是说，模块中所包含的信息不允许其他模块访问。

4. 模块独立性

模块独立性是指每个模块只完成系统要求的独立的子功能，与其他模块的联系最少且接口简单，这是评价设计的重要标准。模块的独立性可由内聚性和耦合性两个标准来度量。

（1）耦合性

耦合性是对一个软件结构内不同模块之间联系紧密程度的度量。耦合性强弱取决于模块间接口的复杂程度、调用模块的方式，以及通过接口的是哪些信息。一个模块与其他模块的耦合性越强，则其模块独立性越弱。

（2）内聚性

内聚性是一个模块内部各个元素之间彼此结合的紧密程度的度量。内聚从功能角度来度量模块内的联系。简单地说，理想内聚的模块只完成一个子功能。一个模块的内聚性越强，则该模块的模块独立性越强。作为软件结构的设计原则，要求每一个模块的内部都具有很强的内聚性，它的各个组成部分彼此都密切相关。

耦合性与内聚性是模块独立性的两个定性标准，耦合与内聚是相互关联的。在程序结构中，各模块的内聚性越强，它们的耦合性就越弱。一般来说，软件设计时应尽量做到高内聚、低耦合，即减弱模块之间的耦合性，提高模块的内聚性。

B.3.2 概要设计

软件概要设计包含下述四项基本任务。

1. 设计软件系统结构

在需求分析阶段，已经将系统分解成层次结构，而在概要设计阶段，需要进一步分解，划分为模块以及模块的层次结构。划分的具体过程如下：

1）采用某种设计方法，将一个复杂的系统按功能划分成模块。

2）确定每个模块的功能。

3）确定模块之间的调用关系。

4）确定模块之间的接口，即模块之间传递的信息。

5）评价模块结构的质量。

2. 数据设计

数据设计是实现需求定义和规格说明中提出的数据对象的逻辑表示。数据设计的具体任务是：确定输入、输出文件的详细数据结构；结合算法设计，确定算法所必需的逻辑数据结构及其操作；确定对逻辑数据结构所必需的那些操作的程序模块，限制和确定各个数据设计决策的影响范围；需要与操作系统或调度程序接口所必需的控制表进行数据交换时，确定其详细的数据结构和使用规则；数据完整性及数据安全控制设计。

数据设计中应注意掌握以下设计原则：

1）应用于功能和行为的系统分析原则也应用于数据。

2）应该标识所有的数据结构及其上的操作。

3）应当建立数据字典，并用于数据设计和程序设计。

4）低层的设计决策应该推迟到设计过程的后期。

5）只有那些需要直接使用数据结构、内部数据的模块才能看到该数据的表示。

6）应该开发一个由有用的数据结构和应用于其上的操作组成的库。

7）软件设计和程序设计语言应该支持抽象数据类型的规格说明和实现。

3. 编写概要设计文档

在概要设计阶段，需要编写的文档有概要设计说明书、数据库设计说明书、集成测试计划等。

4. 概要设计文档评审

在概要设计中，对设计是否完整地实现了需求中规定的功能、性能等要求，设计方案的可行性，关键的处理及内外部接口定义正确性、有效性，各部分之间的一致性等都要进行评审，以免在以后的设计中因出现大的问题而返工。

B.3.3 详细设计

在概要设计阶段，已经确定了软件系统的总体结构，给出了系统中各个组成模块的功能和模块间的联系。而详细设计的任务，是为软件系统的总体结构中的每一个模块确定实现算法和局部数据结构，用某种选定的表达工具表示算法和数据结构的细节。

1. 程序流程图

程序流程图也称为程序框图，是软件开发者最熟悉的一种算法描述工具。它的主要优点是独立于任何一种程序设计语言，比较直观、清晰，易于学习掌握。

程序流程图中常用的图形符号如图 B-2 所示。

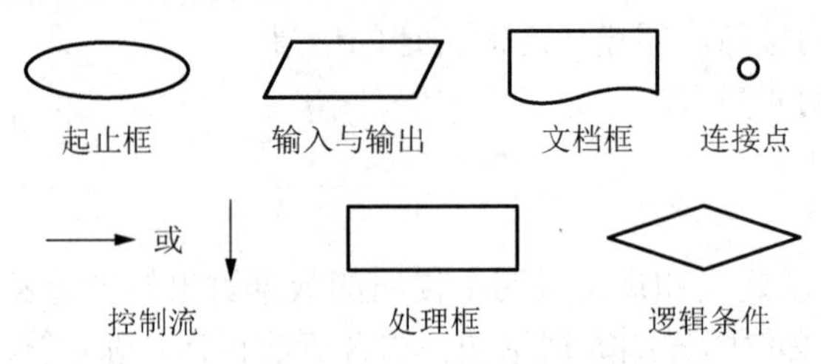

图 B-2 程序流程图中的常用图形符号

流程图中的流程线用于指明程序的动态执行顺序。结构化程序设计限制流程图只能使用五种基本控制结构，如图 B-3 所示。

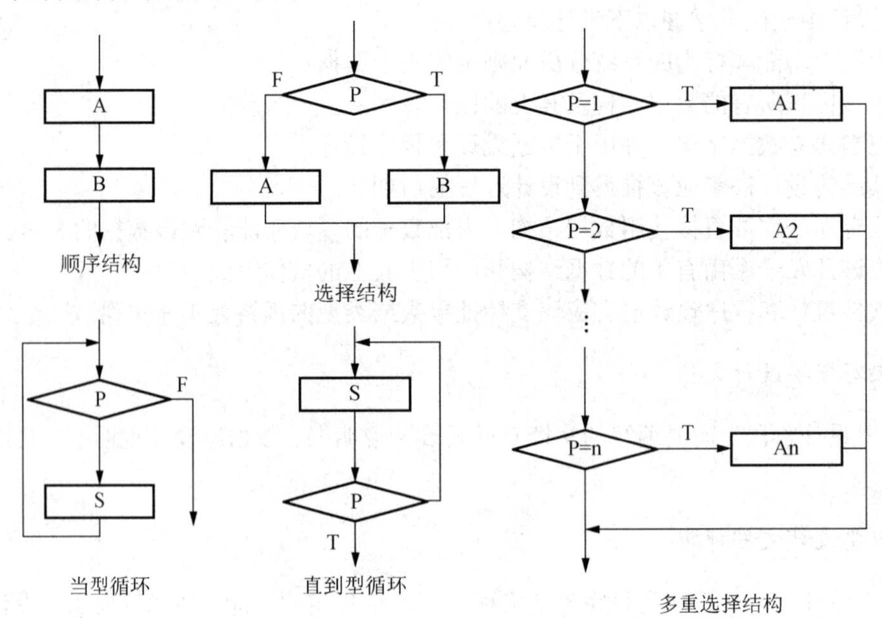

图 B-3 流程图的五种基本控制结构

1）顺序结构反映了若干模块之间连续执行的顺序。

2）在选择结构中，由某个条件 P 的取值来决定执行两个模块中的哪一个。

3）在当型循环结构中，只有当某个条件成立时才重复执行特定的模块（称为循环体）。

4）在直到型循环结构中，重复执行一个特定的模块，直到某个条件成立时才退出该模块的重复执行。

5）在多重选择结构中，根据某控制变量的取值来决定选择多个模块中的哪一个。

将程序流程图的五种基本控制结构相互组合或嵌套，可以构成任何复杂的程序流程图。

2. N-S 图

为了避免流程图在描述程序逻辑时的随意性，1973 年 I.Nassi 和 B.Shneiderman 提出了用方框图来代替传统的程序流程图，通常将这种图称为 N-S 图。N-S 图是一种不允许破坏结构化原则的图形算法描述工具，又称盒图。在 N-S 图中，去掉了流程图中容易引起麻烦的流程线，全部算法都写在一个矩形框内，每一种基本结构也是一个矩形框。五种基本结构的 N-S 图如图 B-4 所示。

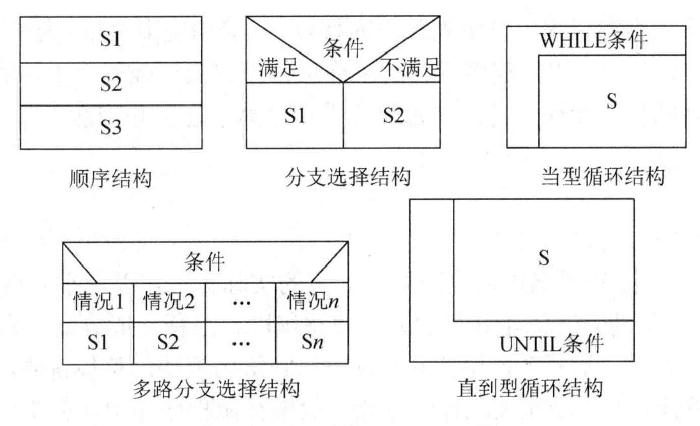

图 B-4 N-S 图的五种基本控制结构

N-S 图有以下几个基本特点：

1）功能域比较明确，可以从图的矩形框中直接反映出来。

2）不能任意转移控制，符合结构化原则。

3）容易确定局部和全局数据的作用域。

4）容易表示嵌套关系，也可以表示模块的层次结构。

3. PDL

过程设计语言（Procedure Design Language，PDL）又称伪码或结构化的英语。它是一种混合语言，采用英语的词汇和结构化程序设计语言的语法，类似编程语言。

PDL 表示基本控制结构的常用词汇如下：

1）条件：IF/THEN/ELSE/ENDIF。

2）循环：DOWHILE/ENDDO。

3）循环：REPEATUNTIL/ENDREPEAT。

4）分支：CASE_OF/WHEN/SELECT/WHEN/SELECT/ENDCASE。

一般而言，PDL 具有以下特征：

1）为结构化构成元素、数据说明和模块化特征提供了关键词语法。

2）处理部分的描述采用自然语言语法。

3）可以说明简单和复杂的数据结构。

4）支持各种接口描述的子程序定义和调用技术。

B.4 程序设计基础

本节主要介绍程序设计风格、结构化程序设计方法和面向对象程序设计方法。

B.4.1 程序设计风格

程序设计风格是指编写程序时所表现出的特点、习惯和逻辑思路。为了测试和维护程序，往往还要阅读和跟踪程序，因此程序设计的风格总体而言应该强调简单和清晰，有较好的可读性。要形成良好的程序设计风格，主要应注重和考虑下述一些因素。

1. 源程序文档化

源程序文档化应考虑以下几点：

1）符号名的命名。符号名的命名应具有一定的实际含义，以便于对程序的理解。

2）程序注释。正确的注释能够帮助读者理解程序。注释一般分为序言性注释和功能性注释。序言性注释通常位于每个模块的开头部分，它给出模块的整体说明，如模块标题、功能、主要算法、设计者等。功能性注释的位置一般嵌在源程序体中，主要描述其后的语句或程序段的作用是什么。

3）书写格式。为使程序的结构清晰、便于阅读，可以在程序中利用空行、缩进等技巧使程序层次分明，提高视觉效果。

2. 语句的结构

程序应该简洁易懂，语句的书写应注意以下几点：

1）在一行内只写一条语句。

2）程序编写要做到清晰第一，效率第二。

3）首先要保证程序正确，然后才要求提高速度。

4）要模块化，并且模块功能尽可能单一。

3. 输入和输出

输入和输出的格式应方便用户使用，一个程序能否被用户接受，往往取决于输入和输出的风格。

B.4.2 结构化程序设计

由于软件危机的出现，人们开始研究程序设计方法，其中最受关注的是结构化程序设计方法。结构化程序设计方法引入了工程思想和结构化思想，使大型软件的开发和编程都得到了极大的改善。

1. 结构化程序设计的原则

结构化程序设计的主要原则可以概括为：自顶向下，逐步求精，模块化，限制使用 GOTO 语句。

1）自顶向下。程序设计时，应先考虑总体，后考虑细节；先考虑全局目标，后考虑局部目标；先从最上层总目标开始设计，逐步使问题具体化。

2）逐步求精。对复杂问题，可以设计一些子目标作为过渡，逐步细化。

3）模块化。模块化是将程序要解决的总目标分解为分目标，再进一步分解为具体的小目标，将每个小目标称为一个模块。

4）限制使用 GOTO 语句。结构化程序设计方法的起源是对 GOTO 语句的认识和争论。没有 GOTO 语句的程序易理解、易调试、易维护，程序容易进行正确性证明。

2. 结构化程序的基本结构

结构化程序包括三种基本结构，即顺序结构、选择结构和循环结构，利用这三种结构可以构造出任何复杂结构的程序。

B.4.3 面向对象程序设计

1. 关于面向对象方法

结构化程序设计方法虽已得到了广泛的应用，但有两个问题仍未得到很好的解决。

1）结构化程序设计主要是面向过程的，所以很难自然、准确地反映现实世界。因而用此方法开发出来的软件，有时很难保证质量，甚至需要进行重新开发。

2）该方法实现中只突出了实现功能的操作方法（模块），而被操作的数据（变量）处于实现功能的从属地位，即程序模块和数据结构是松散地耦合在一起的。因此，当程序复杂时，容易出错，难以维护。

面向对象方法的本质，就是主张从客观世界固有的事物出发来构造系统，提倡用人类在现实生活中常用的思维方法来认识、理解和描述客观事物，强调最终建立的系统中的对象以及对象之间的关系能够如实地反映问题域中固有事物及其关系。

2. 面向对象方法的基本概念

关于面向对象方法，对其概念有许多不同的看法和定义，但是都涵盖对象、对象属性、方法、类、继承、多态性等一些基本概念。

（1）对象（Object）

对象是面向对象方法中最基本的概念。对象可以用来表示客观世界中的任何实体，也就是说，应用领域中有意义的、与所要解决的问题有关的任何事物都可以作为对象，它既可以是具体的物理实体的抽象，也可以是人为的概念，或者是任何有明确边界和意义的事物。例如，一个人、一本书、学生的一次选课等，都可以作为一个对象。

客观世界中的实体通常既具有静态的属性，又具有动态的行为，因此，面向对象方法中的对象是由描述该对象属性的数据以及可以对这些数据施加的所有操作封装在一起构成的统一体。在面向对象分析和面向对象设计中，一般也把对象的操作称为方法或服务。

属性即对象所包含的信息，它在设计对象时确定，一般只能通过执行对象的操作来改变，如对象 Person（人）的属性有姓名、年龄、体重、身份证号等。不同对象的同一属性可以具有相同或不同的属性值，如张三的年龄为 19，李四的年龄为 20。张三、李四是两个不同的对象，他们共同的属性"身份证号"的值不同。需要注意的是，属性值应该是指纯粹的数据值，而不能指对象。

操作描述了对象执行的功能，通过消息传递，还可以为其他对象所调用。操作的过程对外是封闭的，即用户只能看到这一操作实施后的结果。

对象其有如下一些基本特点：

1）标识唯一性，指对象是可区分的，并且由对象的内在本质来区分，而不是通过描述来区分。

2）分类性，指可以将具有相同属性和操作的对象抽象成类。

3）多态性，指同一操作可以依据操作对象的不同而产生不同的行为特征。

4）封装性，指将一组数据和与之相关的操作放在一起，形成能动的实体，即对象。从外面看只能看到对象的外部特性。对象的内部，即处理能力的实现和内部状态对外是不可见的。

5）模块独立性。对象是面向对象软件的基本模块，它是由数据及可以对这些数据施加的操作所组成的统一体。对象是以数据为中心的，对象操作围绕对其数据所要做的处理来设置，没有无关的操作。从模块的独立性考虑，对象内部各种元素彼此结合得很紧密，内聚性强。

（2）类（Class）

面向对象程序设计的重点是类的设计。类是具有共同属性、共同方法的对象类型描述的集合。类是对象的抽象，是创建对象的模板，它包含所能创建的对象的属性描述和行为特征的定义。而一个对象则是它对应类的一个实例（Instance）。要注意的是，当使用"对象"这个术语时，既可以指一个具体的对象，也可以泛指一般的对象，但是，当使用"实例"这个术语时，必然是指一个具体的对象。例如，Integer 是一个整数类，它描述了所有整数的性质，因此任何整数都是整数类的对象，而一个具体的整数 123 是类 Integer 的一个实例。

（3）消息（Message）

消息是面向对象程序设计方法中的另一个重要概念。消息是一个实例与另一个实例之间传递的信息，它请求对象执行某一处理或回答某一信息，它统一了数据流和控制流。消息的使用类似于函数调用，消息中指定了某一个实例、一个操作名和一个参数表（可省略）。接收消息的实例执行消息中指定的操作，并将形式参数与参数表中相应的值结合起来。消息传递过程中，由发送对象触发操作产生输出结果，并将其作为消息传送至接收对象，进而引发接收对象的一系列操作。

（4）继承（Inheritance）

继承是面向对象程序设计的一个主要特征。继承是使用已有的类来创建新类的一种技术。已有的类可当作基类来引用，新类相应地当作派生类来引用。广义地说，继承是指直接获得已有类的性质和特征定义，而不必重复定义它们。

类组成一个层次结构的系统：一个类的上层可以有父类，下层可以有子类。这种层次结构系统的一个重要性质是继承性，一个类直接继承其父类的描述（数据和操作）或特性，子类自动共享基类中定义的数据和方法。

继承分为单继承与多重继承。单继承是指一个类只允许有一个父类，即类等级为树形结构。多重继承是指一个类允许有多个父类。

继承机制的优点是，相似的对象可以共享程序代码和数据结构，从而大大减少程序中的冗余代码，提高软件的可重用性，便于软件调试和维护。另外，继承性使得用户在开发新的应用系统时不必完全从零开始。

B.5 软件测试及程序调试

软件测试是保证软件质量的重要手段，其主要过程涵盖了整个软件生命周期，包括需求定义阶段的需求测试、编码阶段的单元测试、集成测试，以及后期的确认测试、系统测试，验证软件是否合格、能否交付用户使用等。

软件测试是为发现软件错误而运行软件的过程。测试的输入数据及预期输出结果称为测试用例。

B.5.1 软件测试的目的

关于软件测试的目的，Glenford J.Myers 在其著作 *The Art of Software Testing* 一书中给出了深刻的阐述：

软件测试是为了发现错误而执行程序的过程。

一个好的测试用例是指很可能找到迄今为止尚未发现的错误的用例。

一个成功的测试是发现了至今尚未发现的错误的测试。

Myers 的观点告诉人们测试要以查找错误为中心，而不是为了演示软件的正确功能。

B.5.2 软件测试技术与方法

软件测试的方法和技术是多种多样的，可以从不同的角度加以分类。若从是否需要执行被测软件的角度，可以分为静态测试和动态测试方法；若按照功能划分，可以分为白盒测试和黑盒测试方法。

1. 静态测试和动态测试

（1）静态测试

静态测试是指不运行被测程序本身，仅通过分析或检查源程序的语法、结构、过程、接口等来检查程序的正确性。静态测试包括代码检查、静态结构分析、代码质量度量等，它可以由人工进行，也可以借助软件工具自动进行。

（2）动态测试

动态测试是指通过运行被测程序，检查运行结果与预期结果的差异，并分析运行效率和健壮性等性能。动态测试的核心工作包括构造测试用例、执行程序、分析程序的输出结果。

测试是否能够发现错误取决于测试用例的设计。动态测试的常用方法有白盒测试和黑盒测试。

2. 白盒测试与黑盒测试

（1）白盒测试

白盒测试是对软件的过程性细节做细致的检查。这一方法是把测试对象看作一个打开的盒子，允许测试人员利用程序内部的逻辑结构及有关信息，设计或选择测试用例，对程序所有逻辑路径进行测试。通过在不同点检查程序的状态，确定实际的状态是否与预期的状态一致，因此白盒测试又称为结构测试或逻辑驱动测试。

（2）黑盒测试

黑盒测试也称功能测试，用于检测应用程序的每个功能是否可以正常使用。在黑盒测试中，程序被看作一个不能打开的盒子，在完全不考虑程序内部结构和内部特性的情况下，在程序的接口进行测试，它只检查程序功能是否按照需求规格说明书的规定正常可用，程序是否能按预定要求接收输入数据并产生正确的输出结果。

在黑盒测试过程中，必须考虑所有可能的输入条件和输出条件，并精心设计测试用例。

B.5.3 软件测试的实施

软件测试是保证软件质量的重要手段。软件测试是一个过程，一般分四个步骤进行，即单元测试、集成测试、验收测试（确认测试）和系统测试。通过这些步骤的实施来验证软件是否合格，能否交付用户使用。

1. 单元测试

单元测试是对软件设计的最小单位即软件模块（程序单元）进行正确性检验的测试。单元测试的目的是发现各模块内部可能存在的各种错误。单元测试的依据是详细设计说明书和源程序。单元测试可以采用静态分析和动态测试方法。动态测试方法通常以白盒测试为主，以黑盒测试为辅。

2. 集成测试

集成测试是在单元测试的基础上，将所有模块按照设计要求组装成一个完整的系统并进行的测试的过程。它是在将模块按照设计要求组装起来的同时进行测试，也叫联合测试或组装测试。集成测试的依据是概要设计说明书。测试方法是以黑盒测试为主。

3. 确认测试

确认测试的任务是验证软件的功能、性能及其他特性是否满足需求规格说明中确定的各种需求，以及软件配置是否完整、正确。

确认测试主要运用黑盒测试方法，对软件进行有效性测试，即验证被测软件是否满足需求规格说明书确认的标准。

4. 系统测试

系统测试是将通过测试确认的软件，作为整个基于计算机系统的一个元素，与计算机硬件、外围设备、支持软件、数据和人员等其他系统元素组合在一起，在实际运行（使用）环境下对计算机系统进行一系列的集成测试和确认测试。系统测试的目的是在真实的系统工作环境下检验软件是否能与系统正确连接，发现软件与系统需求不一致的地方。

B.5.4 程序调试

定位并排除软件错误的过程称为程序调试（通常称为 Debug，即排错）。程序调试由两部分工作组成，一是根据错误的迹象确定程序中错误的确切性质、原因和位置；二是修改程序，以排除相应错误。

习 题

一、单选题

1．软件工程的出现是由于（　　）。
A．程序设计方法学的影响　　B．软件产业化的需要
C．软件危机的出现　　D．计算机的发展

2．开发软件所需高成本和产品的低质量之间有着尖锐的矛盾，这种现象称为（　　）。
A．软件危机　B．软件投机　C．软件工程　D．软件产生

3．下面不属于软件工程三个要素的是（　　）。
A．工具　B．过程　C．方法　D．环境

4．需求分析阶段的任务是确定（　　）。
A．软件开发方法　　B．软件开发工具
C．软件开发费用　　D．软件系统功能

5．需求分析常用工具的是（　　）。

A．PAD　　B．PFD　　C．N-S 图　　D．DFD

6．模块独立性是软件模块化所提出的要求，衡量模块独立性的度量标准是模块的（　　）。

A．抽象和信息屏蔽　　B．局部化和封装化

C．内聚性和耦合性　　D．激活机制和控制方法

7．对建立良好的程序设计风格，下列描述正确的是（　　）。

A．程序应简单、清晰，可读性好　　B．符号名的命名只要求符合语法

C．充分考虑程序的执行效率　　D．程序的注释可有可无

8．结构化程序设计的三种结构是（　　）。

A．顺序结构、选择结构、转移结构

B．分支结构、等价结构、循环结构

C．多分支结构、赋值结构、等价结构

D．顺序结构、选择结构、循环结构

9．下列叙述中，不属于结构化程序设计方法的主要原则的是（　　）。

A．自顶向下　　B．由底向上

C．模块化　　D．限制使用 GOTO 语句

10．对象是现实世界中客观存在的事物，它可以是有形的也可以是无形的。下面所列举的事物不是对象的是（　　）。

A．桌子　　B．飞机　　C．狗　　D．苹果的颜色

11．信息隐蔽是通过（　　）实现的。

A．抽象性　　B．封装性　　C．继承性　　D．传递性

12．面向对象的开发方法中，类与对象的关系是（　　）。

A．具体与抽象　　B．抽象与具体

C．整体与部分　　D．部分与整体

13．以下不属于对象的基本特点的是（　　）。

A．分类性　　B．多态性　　C．继承性　　D．封装性

14．在对象之间传递信息的是（　　）。

A．方法　　B．属性　　C．事件　　D．消息

15．软件测试的主要目的是（　　）。

A．实验性运行软件　　B．证明软件正确

C．找出软件中全部的错误　　D．为发现软件错误而执行程序

16．下列不属于静态测试方法的是（　　）。

A．代码检查　　B．白盒测试

C．静态结构分析　　D．代码质量度量

17．在软件工程中，白盒测试法可用于测试程序的内部结构。此方法将系统看作（　　）。

A．路径的集合　　B．循环的集合

C．目标的集合　　D．地址的集合

18．完全不考虑程序的内部结构和内部特征，而只是根据程序功能导出测试用例的测试方法是（　　）。

A．黑盒测试法　　B．白盒测试法

C．错误推测法　　D．安装测试法

19．检查软件产品是否符合定义的过程称为（　　）。

A．确认测试　　B．集成测试　　C．验证测试　　D．验收测试

二、填空题

1．通常，将软件产品从提出、实现、使用、维护到停止使用的过程称为________。

2. 结构化程序设计方法的主要原则包括________、逐步求精、模块化和限制使用 GOTO 语句四条原则。

3．按照程序段本身语句行的自然顺序，一条语句一条语句地执行程序，这样的程序结构称为________。

4．类是对象的抽象，而一个对象则是其对应类的一个________。

5．在面向对象的程序设计中，________是指一个类实例和另一个类实例之间传递的信息。

6．使用已经存在的类定义作为基础建立新的类定义，这样的技术叫做________。

7．对象根据所接收的消息而做出动作，同样的消息被不同的对象所接收时可能导致完全不同的行为，这种现象称为________。

8．为了便于对照检查，测试用例由输入数据和预期的________两部分组成。

三、思考题

1．在软件开发和维护过程中，软件危机主要表现在哪几个方面？

2．软件生命周期的各个阶段是什么？

3．简要回答结构化分析方法。

4．软件需求规格说明书的作用是什么？

5．简要回答结构化设计方法。

6．要形成良好的程序设计风格，主要应考虑哪些因素？

7．结构化程序设计方法的主要原则是什么？

8．面向对象方法中的几个基本概念是什么？

9．什么是软件测试？

10．程序调试的基本步骤是什么？

习题参考答案

附录 A

一、单选题

1. B　2. C　3. D　4. B　5. A　6. D　7. B　8. C　9. A　10. C
11. D　12. B　13. C　14. B　15. B　16. A

二、填空题

1. 算法
2. 顺序存储
3. 读栈顶元素
4. 3
5. 19
6. 11
7. $\log_2 n$
8. $n(n-1)/2$

三、思考题（略）

附录 B

一、单选题

1. C　2. A　3. D　4. D　5. D　6. C　7. A　8. D　9. B　10. D　11. B
12. B　13. C　14. D　15. D　16. B　17. A　18. A　19. A

二、填空题

1. 软件生命周期
2. 自顶向下
3. 顺序结构
4. 实例
5. 消息
6. 继承
7. 多态性
8. 输出结果

三、思考题（略）

参 考 文 献

鲍永刚，王雁霞，2012．计算机基础与 Access 数据库程序设计[M]．北京：清华大学出版社．

沈继红，高振滨，张晓威，2011．数学建模[M]．北京：清华大学出版社．

王雁霞，张雷，2012．计算机基础与 Access 数据库程序设计实验指导[M]．北京：清华大学出版社．

薛山，2011．MATLAB 基础教程[M]．北京：清华大学出版社．

应红，2008．Access 数据库应用技术习题与上机指导[M]．北京：中国铁道出版社．

赵洪帅，林旺，陈立新，2010．数据库基础与 Access 应用教程[M]．北京：人民邮电出版社．